微表情
MICROEXPRESSION PSYCHOLOGY
心理学

王潇◎编著

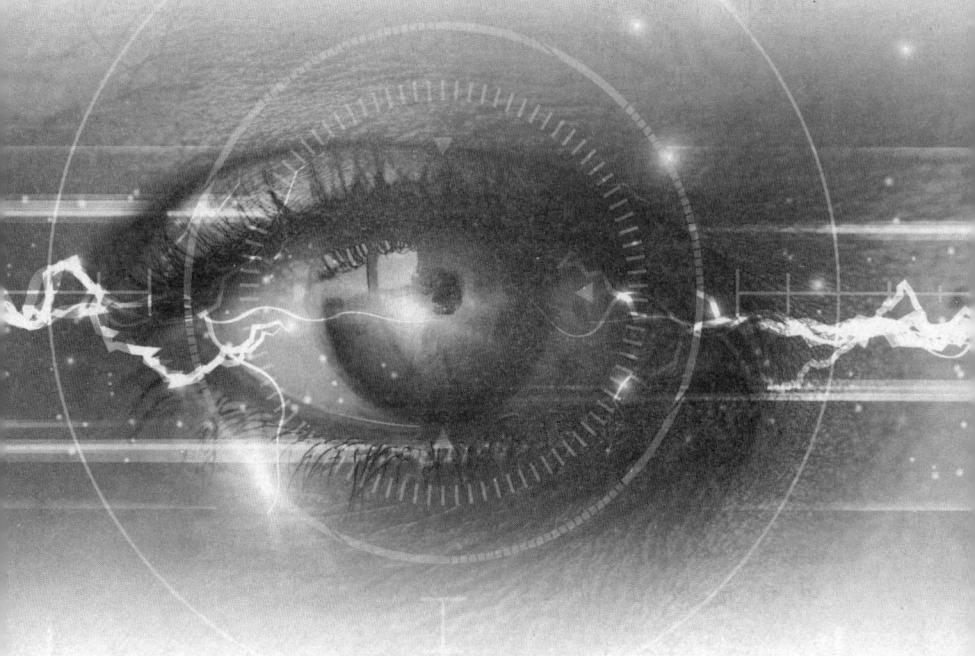

中国出版集团
中译出版社

图书在版编目（CIP）数据

微表情心理学 / 王潇编著 . —北京：中译出版社，2020.1（2023.3 重印）

ISBN 978 – 7 – 5001 – 6166 – 0

Ⅰ.①微… Ⅱ.①王… Ⅲ.①表情 – 心理学 – 通俗读物 Ⅳ.①B842.6 – 49

中国版本图书馆 CIP 数据核字（2020）第 002315 号

微表情心理学

出版发行 /	中译出版社
地　　址 /	北京市西城区车公庄大街甲 4 号物华大厦 6 层
电　　话 /	（010）68359376　68359303　68359101　68357937
邮　　编 /	100044
传　　真 /	（010）68358718
电子邮箱 /	book@ ctph.com.cn

策划编辑 /	马　强　田　灿	规　格 /	880 毫米 × 1230 毫米　1/32
责任编辑 /	范　伟　吕百灵	印　张 /	6
封面设计 /	泽天文化	字　数 /	135 千字
印　　刷 /	三河市宏顺兴印刷有限公司	版　次 /	2020 年 1 月第 1 版
经　　销 /	新华书店	印　次 /	2023 年 3 月第 2 次

ISBN 978 – 7 – 5001 – 6166 – 0　　　定价：32.00 元

版权所有　侵权必究

中译出版社

前言

美剧 *Lie to Me* 中,微表情专家莱特曼博士有这样一种能力:通过一个人的面部表情,他能够准确判断出此人的内心活动。

在电视剧的第一集,他帮助警察破获了一次恐怖袭击案件。当时他只是简单地问了嫌疑人几个问题,尽管对方没有做语言上的回答,但是莱特曼博士还是通过嫌疑人脸上的表情准确判断出了炸弹的安放地点,最后成功阻止了这次犯罪活动。

大多数心理学家认为,一个人身上最能反映心理的地方非表情莫属。我们在文学作品中也经常能够看到类似的描述。比如说,《三国演义》当中,描写张飞发怒时便是"豹眼环睁";而我们说一个人很高兴,也经常会用到"喜上眉梢"这样的成语。

因为表情能够反映一个人的喜怒哀乐。所以我们经常能听到某某人说"看我脸色行事"。

很多人会有这样一种感觉，认为我们都能够从对方的表情当中判断出一个人的内心想法来。但是殊不知，如果不懂微表情心理学，做出的判断难免会产生误差。

20世纪中叶，美国一位著名的心理学家曾经尝试过这样一个实验：他同助手一起在城市街头、交际场所抓拍各类人的各类表情，包括愤怒、害怕、诱惑、平静、幸福、悲伤、开心等。

抓拍下这些照片之后，他请来了社区里的一批普通观众，把照片摆在他们面前，让他们判断每种表情所对应的心理状态。

令人惊讶的是，对于这些常见的表情，参与这个实验的人能够猜对的还不到三成，很多人都把平静误认为幸福，又将喜极而泣误认为悲伤。

这个实验无疑说明了一个道理，通过哭或笑这些大表情，我们很难读懂一个人内心的真实感受。唯有借助微表情，才能更准确地判断出对方的情绪状态、所思所感等。

时至今日，相较于其他的方式，"微表情解读"仍然是看透人心的一个重要办法，微表情作为人心的一面"镜子"，理所当然地能够反映出一些不为人知的心理活动。

例如，在我们平常的生活环境当中，皱眉蹙额这样的表情大多意味着关怀、焦急、生气等，而眉毛上扬、眼睛大睁则意味着意外、惊讶。

一个人如果心情很愉快，那么他的嘴角一般会向上翘，同时眼睛向下弯曲呈月牙状。所以，一个人如果只是嘴角上翘，但是眼睛并没有向下弯曲呈月牙状，那么我们就可以断定这个人的笑容并不是发自内心的，而是一种敷衍的假笑，也称"皮笑肉不笑"。

与此相对应的，一个人如果心情不好，则会眉毛紧锁，嘴角下垂，而这些小细节都是伪装不了的。

除了上述的这些之外，人的微表情还能够反映出人的多种心情。

在与人的交往过程中，学习一点微表情心理学，无疑是拥有了一把打开他人心理之门和人际交往之门的钥匙。

看懂了别人的表情，我们才知道该如何在适当的时候说适当的话，在最合适的时机做最有效的事。

学会察"言"观色、见缝插针，能够让我们在交际中拔得头筹。

人与人之间的交往就是一场心理与心理的较量，如果我们能够时刻读懂对方的心理，掌握交际和沟通的主动权，那么我们何愁自己的人生之路不能一帆风顺呢？

作者

目 录

第一章 读懂微表情，掌握社交主动权

微表情是最诚实的语言 / 2

微表情发挥大作用 / 3

人际交往，不要忽略微表情 / 6

参透微表情，走好人生路 / 8

借助微表情精准识人 / 12

第二章 面部表情：心理情绪的直观表达

从眉毛看心理 / 18

从眼睛看心理 / 21

从鼻子看心理 / 33

从嘴巴看心理 / 35

从下巴看心理 / 38

第三章 动作表情：小动作泄露天机

从头部动作看心理 / 42

从手的动作看心理 / 44

从肩的动作看心理 / 47

从脚的动作看心理 / 48

从胸的动作看心理 / 48

小动作暴露心理活动 / 49

第四章 姿态表情：举手投足破解心理密码

从站姿看心理 / 58

从坐姿看心理 / 64

从卧姿看心理 / 78

从行姿看心理 / 83

从步态看心理 / 88

从手势看心理 / 89

第五章 语言表情：意在言内，更在言外

读懂语言才能明白心声 / 102

从谈话语气掌控心理 / 106

从语速声调掌控心理 / 108

从言语表达掌控心理 / 110

从声音特点掌控心理 / 114

从谈话细节掌控心理 / 117

从客套语言掌控心理 / 121

从打招呼方式掌控心理 / 123

第六章　破解微表情背后的心理含义

微笑背后的心理含义 / 126

哭泣背后的心理含义 / 129

握手背后的心理含义 / 135

亲吻背后的心理含义 / 143

身体接触背后的心理含义 / 144

男女各异的身体语言 / 145

第七章　真实还是虚假？微表情帮你揪出说谎者

说谎者总会留下蛛丝马迹 / 154

说谎者的常见微表情 / 158

借助肢体表情辨真伪 / 160

闻其声而知其人 / 162

第八章　掌握微表情，制霸社交圈

微表情是世界上共同的语言 / 166

培养洞察力是运用微表情心理学的关键 / 167

精准识别微表情。避免"瀑布心理效应" / 170

社交中妥善运用微表情 / 172

第一章
读懂微表情，掌握社交主动权

我们平时在和别人交往的过程中，往往不会注意到对方的微表情背后所隐藏的真实想法。

但我们要清楚，仔细观察对方的微表情，和专心致志聆听对方讲话是一样的。

如果我们不注意别人细微的表情变化，就像是在别人讲话的时候神游天外一样，如何能理解别人的真实意图呢？

微表情是最诚实的语言

在心理学上有一个名词叫作"非语言交流"。非语言交流通常指用非语言行为或身体语言交流,它是传递信息的一种方式,这一点与口头语言一样,不同的是它是通过面部表情、手势、身体接触(触觉学)、身体移动(人体动作学)、姿势、饰品服饰、珠宝、发型、文身,甚至语调、音色及个人声音的音量(而不是讲话内容)等传递信息的。

微表情心理也是属于非语言交流的范畴。

通过非语言交流,一个人会在不知不觉的情况下表现出自己真实的目的、真正的思想和意图。

有这样一个故事:

王先生与张先生在一家商场相遇,张先生带着他的独生儿子,两人边走边谈些生意上的事情,当经过玩具柜台时,王注意到张的儿子的眼光落在一个变形金刚的玩具上。

第二天,王来到张的家,送给张的儿子一个变形金刚的玩具作为礼物,张的儿子很高兴,因为他不会想到,他的父亲有一天要给王叔叔一个更大的面子,从而将这个欠下的人情补上。

通过别人的一举一动来发现他内心想要的是什么,是学习微表情的目的,也是我们追求的目标。

再来看一起发生在美国亚利桑那州的案件。

第一章 读懂微表情，掌握社交主动权

在审讯一个嫌疑人的时候，这个嫌疑人所说的话滴水不漏，从头到尾没有一丝破绽。正当警官们迅速记下他所说的话的时候，他的一个小小的举动引起了一位警官的注意。他在交代案情说自己左拐的时候，手指的方向却是右边。他所说的话和他手的举动不符合，从而让警官判断出他在撒谎。而在随后的较量中，他最终交代了自己的犯罪事实。

所以说，一个人的语言可以骗人，可他的微表情却是诚实的。通过一个人的微表情，就可以让自己掌握别人的心理意图，从而给自己留下充足的时间来让自己作下一步的打算。

学会通过一个人的微表情来破解他心理活动的方法，会让我们在与人交流的时候更有信心，也能让我们更顺利地达到心中的目标。

微表情发挥大作用

美国心理学家艾帕尔·梅拉比在一系列实验的基础上，于1968年提出了这样一个公式：交流的总效果=7%的文字+38%的音调+55%的面部表情。

从这一公式可以看出，面部表情在信息交流中的作用是非常大的，它是人们内心世界的外在体现，无时无刻不在传递着各种各样的信息。

如果人们在人际交往中，不但能够注意到对方的表情变化，还善于用表情说话，那么，人与人之间的交流沟通便会变得更和谐、更通畅。因为小表情可以发挥大作用。

3

1. 协调强化的作用

协调强化是指在交际过程中，用表情配合话语以达到强化的效果，从而使语言表达的内容更加鲜明突出。

在文学名著《围城》中有这样的一段话：

饭后谈起苏小姐和曹元朗订婚的事，辛楣宽宏大度地说："这样最好。他们志同道合，都是研究诗的。"大家都说辛楣心平气和，要成"圣人"了。

辛楣笑而不答，好一会儿才取出烟斗，眼睛顽皮地闪光道："曹元朗的东西，至少有苏小姐读；苏小姐的东西，至少有曹元朗读。彼此都不会没有读者，还不好吗？"大家笑说辛楣还不是圣人，但可以做朋友。

苏小姐是赵辛楣的意中人，但是她并不爱赵辛楣，她追求方鸿渐，可是方鸿渐并不爱她，于是她赌气嫁给了曹元朗。而曹元朗曾经被方鸿渐等人取笑为"四喜丸子"，是个又老又丑又呆的人。

这里赵辛楣所做的解释就是一种幽默的讽刺，他的"笑而不答""眼睛顽皮地闪光"的表情与他所说的内容协调一致，强化了幽默讽刺的意味，使谈话场合的诙谐气氛更加浓烈。

为了更深入地了解面部表情在交流时所起到的强化作用，下面再看《红楼梦》第二十九回中的一段话：

二人闹着，紫鹃、雪雁等忙来解劝。后来见宝玉下死劲地砸那玉，忙上来夺，又夺不下来。见比往日闹得大了，少不

第一章 读懂微表情，掌握社交主动权

得去叫袭人。袭人忙赶了来，才夺下来。

宝玉冷笑道："我是砸我的东西，与你们什么相干！"

袭人见他脸都气黄了，眉眼都变了，从来没气得这么样，便拉着他的手，笑道："你和妹妹拌嘴，犯不着砸它，倘或砸坏了，叫她心里脸上怎么过得去呢？"

黛玉一行哭着，一行听了这话，说到自己心坎儿上来了，可见宝玉连袭人都不如，越发伤心大哭起来。心里一急，方才吃的香薷饮，便承受不住，"哇"的一声，都吐出来了。

宝玉一边说，一边"冷笑"，"脸都气黄了，眉眼都变了，从来没气得这么样"，这样的表情更加强化了他言语中的意思，使得周围的空气越发紧张起来，把众人都吓坏了。

2. 弥补暗示的作用

在交际过程中，有时不便说话，有时话语的力量达不到表情达意所需要的强度，有时嘴上说的与心里想的不一样……在这样的场合，人们往往用表情来补充对自己内心思想感情的表达。

例如《红楼梦》第四十二回中的一段：

宝玉给黛玉使个眼色儿，黛玉会意，便走至里间，将镜袱揭起。照了照，只见两鬓略松了些，忙开了李纨的妆奁，拿出抿子来，对镜抿了两抿，仍旧收拾好了。方出来指着李纨道："这是叫你带着我们做针线、教道理呢，你反招了我们来大玩大笑的！"

宝玉和众姐妹在李纨处一起说笑，忽然看到黛玉的头发

5

有点乱了。在当时的社会背景下，宝玉如果当众说出来，会使黛玉很难堪；如果他亲自动手为黛玉整理，更不成体统。他便使了个眼色向黛玉暗示，既传递出让黛玉进里屋整妆的信息，又反映出对黛玉的体贴入微。

下面再来看一段《红楼梦》第二十六回的一段话：

这里小红刚走至蜂腰桥门前，只见那边坠儿引着贾芸来了。那贾芸一面走，一面拿眼把小红一溜。那小红只装着和坠儿说话，也把眼去一溜贾芸，四目恰好相对，小红不觉把脸一红，一扭身往蘅芜苑去了。

小红和贾芸相互爱恋，但又不好意思当面表白，在坠儿面前就更不好意思交谈了。小红一边假装与坠儿说话，一边用眼神同贾芸传递情爱，当四目相对时又害起臊来，羞红了脸。这"拿眼一溜""四目恰好相对""不觉把脸一红"，把眉目传情描绘得惟妙惟肖。

可见，微表情在交流中的作用不容忽视，只有正视种种表情，才能使交流和沟通的效果最大化。

人际交往，不要忽略微表情

人际交往中，在必要的情况下，需要我们利用微表情来发现人的内心。

有一天，一个学生拜访了陈教授。因为该名学生在期末考试中落榜了。如果负责这项工作的陈教授不设法给他加点分，他就要再留级一年，而且连好不容易确定下来的就业机会也将付之东流。

对于这个学生来说可真是至关重要的大事。他哀求地对陈教授说："我是您的学生，今年的考试我完全失利了，实际上，其他的科目考过了，就差您这门考试的分数，要是过不了，大好的就业机会也将泡汤了。教授，您能否设法给我加点分……"

教授的心也是肉长的，看学生边说边哭，于是他说："你不要那样说，那么说，不等于在吓唬我吗？"教授嘴里虽然这么说，但心里却想：可以多多少少地给他虚加一些，总之能让他成功过关就是了。

可是因为这个学生不懂微表情，他没有察觉陈教授脸上呈现出的无声的允诺，所以造成严重的后果。

学生无所顾忌地打开手里拿的书包，取出了一瓶进口的威士忌。

陈教授的脸色一下子就变了。憋了一肚子气。他对学生的贿赂行为产生极度的反感。这比一般人贿赂更让他气愤，因为陈教授在学校里是出了名的严明公正。这样一来，学生冒犯了教授的尊严，留级是注定了的。

很显然，这个学生没有认真观察教授的微表情。

假如他懂得一点心理学，通过教授的微表情了解其真实态度，也就不会导致留级的恶果了。

人的面部是一种媒介，是一种信息传输器。脸上的面部器官可以被阅读，而且上面的信息量非常大。现代科技就利用这一点来进行测谎。

7

比如，人在说谎的时候，常常是眼睛看着一个方向，而手势朝着另外一个方向；语言上结结巴巴、犹豫不定，我们可以判断对方在说谎；当人出现负面情绪的时候，眉毛上扬，挤在一起，这代表了恐惧、担忧、忧虑；嘴唇紧紧地抿着，鼻孔外翻，则表示这个人有无法控制的怒气；人的嘴角下垂，下巴扬起，则表示这个人正在自责，等等。

在观察的时候我们要仔细，因为微表情持续的时间非常短。科学家的实验表明，只有10%的人能够在交谈中察觉到对方的微表情。

跟人们有意识做出的表情相比，"微表情"更能体现人们的真实感受。在人际交往中，如果能够读懂微表情，有效利用别人微表情传递出来的信息，必然能够让你在人生的路上走得更加顺畅。

参透微表情，走好人生路

成就事业，为人处世，与人竞争，都需要准确破解表情密码。只有破解了表情密码，我们才能在片刻之间，看透周遭的人与事，勘破人心的真伪，洞悉他人内心深处潜藏的玄机，窥探出情绪变化的温差，辨别出气色蕴藏的内涵，让自己在人生的旅途上左右逢源，把人生的主动权牢牢地掌握在自己手中。

战国七雄之一的齐国，有一位宰相名叫田婴，虽然处于乱世，但他治国有方，使得齐国威名远扬。

对于处世之道，他也懂得极多，这使得出身王族的他没有被卷进王位争夺的旋涡，反而能够历经三朝，任宰相职位达

第一章 读懂微表情，掌握社交主动权

十余年之久。

告老之后，他被封于薛国之地，安享余年。

有关他洞察君王心意的故事，极为有名。

齐王后去世时，后宫有十位齐王宠爱的嫔妃，其中必有一位会继任王后，但究竟是哪一位，齐王并未做明确的表示。

身为宰相的田婴于是开始动脑筋。他认为：如果能确定哪一位是齐王最宠爱的妃子，然后加以推荐，定能博得齐王的欢心，并且对自己倍加信赖；同时，新后也会对自己另眼相看。可是，万一弄错的话，事情反而糟糕。

所以，他必须想个办法，试探一下齐王的心意。

于是，田婴命工人赶紧打造十副耳环，而其中一副要做得特别精巧美丽。

田婴把这十副耳环献给齐王，于是齐王分别赏赐给十位宠妃。

次日，田婴在拜谒齐王时，发现齐王的爱妃之中，有一位戴着那副特别美丽的耳环。而当齐王看向这位妃子时，总是面带笑容，眼神更是充满宠溺。

毫无疑问，不久之后新继任的王后，确实就是当日田婴所断定而推荐的那位妃子。

"事之至难，莫如知人。"这是宋朝诗人陆九渊留下的一句名言。这句话揭示了看破人心在现实生活中的实际难度，说明了普天之下没有什么事情比了解和认识别人更难了。

从表情和动作上能够一眼洞察出别人的内心动机，那可

是高手。而这恰恰是我们能够在各种竞争中取得胜利的关键。

春秋时期的淳于髡就是这样一个高手。

梁惠王雄心勃勃，广召天下高人名士。

有人多次向梁惠王推荐淳于髡，因此，梁惠王连连召见他，每一次都屏退左右与他倾心密谈。

但前两次淳于髡都沉默不语，弄得梁惠王很难堪。

事后梁惠王责问推荐人："你说淳于髡有管仲、晏婴的才能，哪里是这样，要不就是我在他眼里是一个不足于言的人。"

推荐人以此言问淳于髡，他笑笑回答道："确实如此，我也很想与梁惠王倾心交谈。但第一次，梁惠王脸上有驱驰之色，想着驱驰奔跑一类的娱乐之事，所以我就没说话。第二次，我见他脸上有享乐之色，是想着声色一类的娱乐之事，所以我也就没有说话。"

那人将此话告诉梁惠王，梁惠王一回忆，果然如淳于髡所言，他非常叹服淳于髡的识人之才。

从表情上能读透内心所蕴藏的玄机，是识人高手厚积一世而薄发一时的秘技。

大约在秦统一天下前40年的时候，秦国有一位非常能干的宰相，名叫应侯，此公并非秦国人，乃是由魏国亡命至秦，在秦居官，屡次升迁，终达宰相之位的。他所主张的一系列外交政策，奠定了日后秦国统一天下的基础。

应侯原来在韩国汝南拥有自己的领地，后来被韩国没收。

第一章 读懂微表情，掌握社交主动权

秦王十分同情他的境遇，于是问道："你被韩国夺走领土，心中想必有所不平。"

秦王本意是要试探身为宰相的应侯，是否会因私怨而对韩国采取报复手段。

可是应侯答道："听说有一位失去儿子的父亲，在接受别人吊唁的时候告诉他们：'死了儿子固然伤心。但是想一想我原先也是没有儿子的人，也就不难过了。'我也是原来没有封地的平民，所以现在也不会为失去领地而感到难过。"

应侯当时心想：如不这样回答，日后要推行对韩政策，必会受到重重阻挠，因此，故意表示出对于韩国没收自己领地一事，并不在意。

秦王虽然对他表现出的宽阔胸襟感到敬服，究竟还是不明他真正的心意，于是派遣一位将军前往试探。

这位将军一见到应侯就脱口而出："丞相，我真难过得不想活了。"

"哦！究竟发生了什么大事？"

"丞相您想想，秦王对您优礼有加，远近皆知；可恨那小小的韩国，竟敢公然夺取丞相在韩的领地，这种耻辱我如何忍受得了！所以我活不下去了，定要为您讨个公道！"

应侯听完这话，脸上闪过一丝不易察觉的欣喜，随后热情招待了这位将军。

将军回去之后，将经过情形一一禀报秦王。

虽然应侯未谈复仇之事，但是他脸上欣喜的表情和对将军热情的态度已经出卖了他。

知道了应侯的真心之后，秦王从此不再信任应侯。

做人难，难在不能看破人心。但是只要我们能够读懂对方的微表情，看破人心，并采取有效的对策，就能够获得成功。不然，我们就可能寸步难行，面临失败，甚至惹来杀身之祸。

"出门观天色，进门看脸色。"面部表情是人类心理活动、情绪变化的晴雨表。在与人交往时，万不可对别人脸上的微表情视而不见，而应该多留心，注意察看对方细微的表情变化，以快速地了解对方的真实想法，采取有效的应对措施。

借助微表情精准识人

人的复杂性并不仅仅是生理构造上表现出的复杂性，更重要的还在于心理上表现出的复杂性。因此，当你不了解某人时，最好不要轻易为他的表象所迷惑。因为，他所表现出的可能是一种假象。尤其是城府较深的人，更不会直接表露自己的真实情感。

美国心理学家奥古斯特·C.伯伊亚曾经做过这样的实验，让几个人用表情表现愤怒、恐怖、诱惑、漠不关心、幸福、悲哀这六种感情，并用录像机录下来，然后，让人们猜哪种表情对应哪种感情。

结果，平均每人只有两种判断是正确的。

在商业谈判中，对方笑容可掬地听着你说话，脸上一副似乎要接受的表情。你心想谈判可能要成功了，不料他却说"明白了，很好，不过，这次请原谅，我不能要了"等婉言谢绝的话。

第一章 读懂微表情，掌握社交主动权

这样一来，你像是被从头上泼了一盆冷水似的。当然，这并非想否定"表情是反映人内心的一面镜子"。因为在很多时候，人们虽然情绪很激动，却会伪装成毫无表情，或者故意装出某种相反的表情，所以如何去探测对方的表情底下所隐藏的真实情绪，就需要你学习一下微表情心理学，通过对方细微的神态动作来判断他内心的真实想法。

一位推销百科全书的业务员，在这方面很有经验，他说："当我把百科全书的样本交给购书商后，在他默默翻阅百科全书的内容时，就是决定能够成交的关键时候。

"这时候，我就会目不转睛地注视他的面容。并且，比起坐在对方的面前，我更喜欢坐在他的身旁。因为坐在旁边比较容易看见对方脸上的肌肉变化，在他的脸上就已经有了对这本书的大致态度。根据他的态度，采取相应的对策，总能取得较好的营销结果。"

有经验的推销员总是能捕捉到这些细微之处，看穿对方的内心决策，从而采取相应的推销手段和谈判技巧。

但是，有的人竭力压抑自己的情绪，装出一副面无表情的"扑克脸"。碰到这样的人，许多人都感到十分头痛。

其实，面无表情并不等于情绪不外露。因为内心的活动，倘若不呈现在脸部的肌肉上，往往会以其他不自然的方式表现出来。

比如有些职员不满主管的言行，却又敢怒不敢言，只好装出一副毫无表情的样子。事实上，不管如何压抑那股愤怒的感情，内心的不满依然很强烈，如果仔细观察他的面孔，会发

现他的脸色不对劲。

人们经常把这种木然的面孔称为"死人"似的面孔,也就是说,他像死人一样面无表情,神色漠然。

这种"死人"似的面孔本身就是一种不自然的表现。

此外,虽然这类人努力使自己喜怒不形于色,但倘若内心情绪强度增加的话,他们的眼睛往往会马上瞪得很大,鼻孔会显出皱纹,或在脸上出现抽筋现象。

所以,如果看见对方脸上忽然抽筋,那就表示在他的深层意识里,正陷入激烈的情绪冲突。

如果碰到这种人,最好不要直接去指责他,或者当场给他难堪。

当看到部属脸色苍白、脸部抽筋时,主管最好这样说:"最近是不是心情不好?如果你有什么不快,不妨说出来听听。"以安抚部属正在竭力压抑的情绪。

死板的面孔或抽筋的表情,至少可以暗示双方关系正陷入低潮,这时最好开诚布公地交换意见,以消除误解,改善双方的关系。

有时候,漠不关心的表情,也可能代表爱意。尤其是女性,倘若太露骨地表现自己的爱意,似乎为常情所不许,于是便常常表露出相反的表情,装出一副对对方毫不在乎的样子。其实,她们虽然表面上漠不关心,但骨子里却是十分在意的。这时如果男性不善于观察分析,就很有可能放弃一段美好的姻缘。

有时候,当彼此陷入强烈的敌对状态时,出于不再想挽救关系等原因,双方反倒会做出伪装的笑容和假意亲切的态度,这种情况在心理学上叫作反动形成。

第一章　读懂微表情，掌握社交主动权

关于这一点，最好的例子就是夫妻吵架。当彼此间的矛盾达到很激烈的状态时，不快乐的表情反而会逐渐消失，结果会呈露出笑脸，态度上便显得亲切。所以，提出离婚的夫妇彼此越是彬彬有礼，其矛盾就越不可调和。

要彻底了解一个人的内心世界很难，但如果借助微表情，就可以看出对方的真实态度与想法，这样才能更准确地识别一个人。

第二章
面部表情：心理情绪的直观表达

　　西格蒙德·弗洛伊德曾经说过："任何五官健全的人必定知道他不能保存秘密。如果他的嘴唇紧闭，他的指尖会说话，甚至他身上的每个毛孔都会背叛他。"

　　微表情是人类心理活动、情绪变化的晴雨表。在与人交往时，万不可对别人的表情视而不见，而应该多用心，注意察看对方微表情，以快速地获悉对方的心理状况与情绪变化。

从眉毛看心理

"观眉毛,识破人",不同眉毛暴露不同性格。

中国民间有种说法:一个人有钱没钱,可以看他的鼻头;会不会存钱,可以看他的鼻翼;不过,想看一个人会不会用钱赚钱,或是和朋友共享利益,和大家一起赚钱,就必须看他的眉毛。

眉毛是眼睛的华盖、面部的威仪,可以通过眉毛来推论一个人贤能与否,来看其一生运势、人际关系、兄弟多寡、朋友好不好甚至夫妻感情。

1. 眉毛的形状

心理学家认为,眉毛的形状能够反映出一个人的性格来。

聪明眉:凡是细软、平直、宽长、清秀之眉毛,其人必是聪慧伶俐。

逆生眉:眉毛逆着生长,不顺,那么其人运气将平平,并会影响家人,年轻时多为贫穷,中年后则会改观。

双连眉:两眼眉毛连在一起,此人一生坦荡做事,能成大器,且朋友众多,常会遇到贵人相助。

凶恶眉:眉毛粗硬、浓密、逆生、散乱、短粗、卷缩,将是凶煞之人,常会招惹是非。

压眼眉:眉毛粗硬又过低压眼睛,通常又称为"鬼眉"。常虚情假意,运势不佳,财运不同,会以偷窃为生。

扫帚眉:凡眉头小但是清秀、眉毛疏散不浓者,个性烈,易众叛亲离,晚年运气不佳,性生活不和谐。

第二章 面部表情：心理情绪的直观表达

一字眉：一字眉较宽的人，具有胆识。一字眉较窄的人，较固执和缺乏耐力。另外，这种人比较阴险，通常为智慧型的犯罪者。如果眉毛首尾像一字形状，清晰可秀，那么此人很有可能会年轻有为，成为巨星，一生丰富多彩，家和万事兴。

八字眉：眉毛粗细一般，但是眉尾延伸夸张，宛如"八"字。此人将会一生幸福平安，但是，男则克妻，女则克夫。

高相眉：眉毛生得很高，离开眼睛距离比一般人远，此人将前程远大，非常有抱负，能成大事，但是常常会"高处不胜寒"。

柳叶眉：眉如柳叶者，性格温柔而且有智慧，往往疏于沟通亲朋好友，婚姻感情波折多，得子较晚。不过，易得贵人相助，最终会事业有成。

2. 眉毛的动作

眉毛的"动作"可以透露出诸多心理信号。

美国社会心理学家琳·克拉森被人们称为"读脸专家"，她考察了性格和微表情的关系，并进行了大量相关的实验，结果发现，人们很难隐藏或改变面部的微表情，而这些微表情，最能透露我们的所思所想。

克拉森表示，眉毛最能表露一个人的心理。

当眉毛向下靠近眼睛的时候，表示他对周围的人更热情、更愿意与人接近；而眉毛上挑时，则表示这个人需要被尊重，需要更多的时间适应现在的场合。

如果你遇到的人将眉毛向上挑，此时最好不要靠他太近，可以先与他握手，让对方来主动靠近你，以免让他感觉不舒服。

"面部的一些细微动作和表情,能够很好地显示出对方的所思所想,所以,下次与人打交道时,别忘了注意他的眉毛和眼睛!"克拉森说。

眉宇之间的一些信息,能透露人们解决问题的方法、关注细节的持久度,以及是否能够做到"实话实说"等。

比如,轻抬眉毛。

轻抬眉毛是在距离稍远处向人打招呼的姿势,从远古时代开始就广泛地被使用。这个动作的含义不仅通行于全世界,而且就连猴子和猩猩也会用这个动作打招呼。由此可见,轻抬眉毛的动作是天生的。

把眉毛快速地轻轻一抬,瞬间后又恢复原位,这个动作是为了把别人的注意力引到自己的脸上,让人家明白自己正在向他问好。这个姿势只有日本文化不予接受。在日本人眼里,这是一个不合礼仪而且非常粗鲁的动作,甚至还被认为含有明确的性暗示。

对看到的人轻抬眉毛,是一种下意识的反应。这表示你对出现在面前的这个人持有首肯的态度。而且这个动作很可能与惊讶和害怕的情绪相关,就仿佛你在说"见到您真是让我又惊又怕",也可以理解为"我非常敬畏您,并且对您很有好感"。

我们不会对擦肩而过的陌生人以及自己讨厌的人做出这个动作。如果别人在见到你的一刹那没有对你轻抬眉毛,那就表示他可能怀有挑衅的情绪。

一个简单的实验就会让你感受到这个动作的魔力:在酒店大堂的沙发上坐着,对每一个路过的人都做出轻抬眉毛的动作;你会发现不仅所有人都会以相同的动作回应你,甚至还会

第二章　面部表情：心理情绪的直观表达

有一些人主动走过来和你搭话。

如果你喜欢他，就向他轻抬眉毛；如果你想让他喜欢你，还是向他轻抬眉毛。这可是一条黄金准则。

眉毛的不同"动作"，往往有着不同的含义，透露出千差万别的心理信号。

当你看到别人的眉毛做出不同的动作时，就可以以此为依据判断对方的所思所感。这些动作具体包括以下几种。

双眉上扬：表示非常欣喜或极度惊讶。

单眉上扬：表示不理解、有疑问。

皱起眉头：要么是对方陷入困境；要么是拒绝、不赞成。

眉毛迅速上下活动：说明心情愉快，内心赞同或对你表示亲切。

眉毛倒竖，眉角下拉：说明对方极端恼怒或异常气恼。

眉毛完全抬高：表示"难以置信"。

眉毛半抬高：表示"大吃一惊"。

眉毛正常：表示"不作评论"。

眉毛半放低：表示"大惑不解"。

眉毛全部降下：表示"怒不可遏"。

眉头紧锁：表示这是个内心忧虑或犹豫不决的人。

眉梢上扬：表示是个喜形于色的人。

眉心舒展：表明其人心情坦然、愉快。

从眼睛看心理

在人类发展的历史长河中，眼睛一直是我们最为关注的器官，它对人类行为习惯造成的影响也成为我们经常研究的课题。

目光的互相接触有时能够控制谈话的局面。

比如,当某个人说"他用十分轻蔑的眼神看着我",就显示出交谈对象高高在上的态度。而当你对别人说"你说话的时候请正视我的眼睛",那就表示你怀疑他在撒谎。

在面对面的交谈中,我们的目光大部分时间都停留在对方的脸上,所以眼睛所传递的信息能够帮助我们准确解读对方的态度与想法。

当人们初次见面的时候,会在很短的时间里形成对新朋友的第一印象,而这个印象主要取决于人们的眼睛所看到的东西。

在我们的生活中,与眼睛有关的形容词非常丰富,比如"她对那个男人怒目而视""他的眼睛闪闪发亮""她有着一双大大的如婴儿般的眼睛""他的眼睛贼溜溜的""她的眼睛真是魅力十足""她恨不能用眼神杀了那个男人""她的眼睛冷冰冰的""他看我的眼神非常恶毒",等等。

我们在描述别人的眼睛时,也会用到大量的形容词。例如,贝蒂·黛维丝(美国老牌女影星)般的眼睛、像西班牙人的眼睛、色眯眯的眼睛,或者坚毅的、怒气冲冲的、空洞的、神秘的、悲伤的、快乐的、挑衅的、冷酷的、满含妒意的、不肯饶人的、敏锐的眼睛,等等。

我们在使用这些词语时并没有意识到我们是根据对方瞳孔的大小以及观察物体的方式,得出这些印象的。

在电视剧或是电影中,我们经常会看到这样的画面,当有人怀疑对方在说谎时,往往会要求道:"你看着我的眼睛。"此时,如果对方没有说谎,他就会直勾勾地盯着说话

第二章 面部表情：心理情绪的直观表达

者的眼睛，反之，他就会目光闪躲，或是干脆转过脸去，沉默以对。

难怪人们常说，眼睛确实是心灵的窗口，很多时候，我们不仅可以透过一个人的眼睛来判断其有没有撒谎，还可以准确地把握住其内心真实的情感。

付君在一家房地产公司从事销售方面的工作，短短三年的时间，他就当上了销售部门的主管，这一切都要归功于他非同一般的"识眼"功力。

与同事打交道的时候，付君特别喜欢观察对方的眼睛，很多同事都有被他盯得心里发毛的经历。更加可怕的是，付君总是能透过眼神知道他们心里在想些什么。

有一次，同事张小芬找付君帮忙，她语调急促地哀求道："付哥，我家里出了点急事儿，我现在得马上赶回去一趟，可我手头上还有点工作没做完，麻烦你帮我做一下好吗？"

付君抬头一看，发现张小芬的眼神沉稳平和，完全跟她刚才那番言语中表现出来的焦急情绪不相搭，于是，他慢条斯理地问道："家里出了什么事啊？"

"呃，我……我家里……家里的妈妈生病了。"张小芬显然没有料到付君会问得那么详细，情急之下，她只好随意扯了一个理由。

付君听了她的话，眉毛一挑，状似惊讶地问道："你以前不是常说，你妈妈身体特别健康吗？怎么突然病了呢？"

张小芬目光闪烁地回道："最近天气反常，时冷时热，我妈妈不小心得了重感冒，病来如山倒。现在还在医院里打点滴呢！"

"原来是这样啊,那她现在在哪家医院打针呢?我下班后过去看看她老人家!"付君满脸诚恳地说道。

生怕付君真的要去医院看她妈妈,张小芬连连摆手回道:"不用麻烦你了,她老人家不过是感冒了,我看也不是什么大事儿,我还是先把手头上的工作处理完,然后再去医院照顾她吧。"话刚说完,张小芬就立马回到了自己的办公桌,连连长舒了好几口气。

原来,张小芬的妈妈并没有生病,是张小芬自己想早点下班,又找不到合适的早退理由,所以才向付君撒谎,好让他答应帮她做事,自己好脚底抹油,开溜回家。

没想到,付君早就识破了张小芬的小伎俩,他老早就察觉到张小芬的眼神有些不对了,所以才一直在言语上给她下套子,好让她"不打自招,迷途知返"。

其实,眼睛与一个人的思想感情有着密切的不可分割的关系,付君正是因为"识眼"功力了得,才戳破了张小芬的谎言,从而巧妙地拒绝为她"做嫁衣",同时也减轻了自己的工作负担。公司领导非常看重他的这项本领,于是经常带他去见客户,不用多久的时间,他就会把客户的心摸得一清二楚,最后成功地为公司签下许多大单子。

也正是凭借着这项本领,付君才被公司老板提拔为销售部的经理。

孟子曾有过这么一句经典名言:"存乎人者,莫良于眸子,眸子不能掩其恶,胸中正,则眸子了焉;胸中不正,则眸子眊焉。听其言也,观其眸子,人焉廋哉?"

这句话所要表达的观点是,观察人的眼睛,就可以知道

第二章 面部表情：心理情绪的直观表达

人的善恶。虽然我们不一定真的能透过眼睛判断出一个人的好坏，但我们确实能通过观察一个人的眼睛识别出对方当下的心理。

比如，一个人的眼睛闪闪发光，这通常表明对方心情很好，精神焕发；反之，一个人的眼睛如果黯淡呆滞，则说明对方肯定遇到了什么烦心事儿。

另外，愿意主动与他人交换眼神的人，其心地一般非常坦率，没什么坏心眼；而那些目光总是闪烁不明，不愿意直视他人眼睛的人，往往心存紧张，说话有所隐瞒。

眼睛的具体动作一般有以下几种。

1. 瞳孔扩张

在我们的肢体语言里，眼睛所传递的信号是最有价值也是最为准确的，因为它是传达身体感受的焦点，而且瞳孔的运动是独立、自觉、不受意识控制的。

在相同的灯光条件下，随着态度和情绪从积极转向消极，瞳孔就会由扩张转向收缩，反之亦然。当人们处在兴奋的状态中时，瞳孔会比原始尺寸扩大四倍。相反，如果人们处在生气或者其他消极的情绪中时，瞳孔就会收缩，变成我们平时常说的"如小圆珠般的眼睛"或者是"蛇眼"。

芝加哥大学心理学系的前系主任埃克哈特·赫斯是一位瞳孔运动研究领域的先锋，他发现瞳孔的大小是由人们情绪的整体状态决定的。

一般来说，当人们看到对情绪有刺激作用的东西时，瞳孔就会扩张。赫斯发现，只要是性取向正常的人，不管是男人还是女人，只要他们看到异性明星的海报，瞳孔便会扩张；但若看到同性明星的海报，瞳孔就会收缩。

当人们看到令人心情愉快或是痛苦的东西时，瞳孔也会产生类似反应。比如，看到美食和政界要人时瞳孔会扩张；反之，看到残疾儿童和战争场面时瞳孔会收缩。

赫斯还指出，瞳孔的扩张也与心理活动密切相关。如果人们正在努力解决某个难题，那么当这个难题最终攻克时，瞳孔就会扩张到极限尺寸。

女人的瞳孔扩张的速度比男人更快，只要大脑感知到对方的瞳孔在扩张，女人的瞳孔就会迅速产生反应，从而显现和善亲切的形象。

人们很早就知道怎样透过瞳孔解读别人的内心。

中国古代的珠宝商在和顾客讨价还价时，会仔细观察顾客的瞳孔是否在扩张。

有句老话说的是，在跟别人交流想法或者是谈判时，"要好好看着对方的眼睛"。

但是我们觉得更好的做法是"好好看着对方的瞳孔"，因为瞳孔会把他们心中最真实的感受告诉你。

2. 眼睛向上看的姿势

微微地低下头去，眼睛往上看——黛安娜深知这样的姿势具有怎样的吸引力。

在低头的时候抬起眼睛往上看，是另一种表示顺从谦恭的姿势。这种姿势对男人具有极大的吸引力，因为这会让眼睛显得更大，而且让女人看起来像个孩子。

这种心理反应可以这样解释：小孩的身高比成年人矮得多，所以在看成年人时必须抬起眼睛往上看；久而久之，不管是男人还是女人，都会被这种仰视的目光激发出类似父母般的情感反应。

第二章 面部表情：心理情绪的直观表达

在婚姻遭遇危机时，黛安娜王妃用"眼睛向上看"的姿势博得全世界的同情。

下巴微微内收，抬起眼睛向上看，露出纤细的脖子，这个姿势几乎已经被黛安娜王妃艺术化了。这种像孩子般的姿势触发了成千上万人的怜爱之情，特别是当人们认为黛安娜王妃遭到英国王室的攻击时，更是希望能像父母一样保护她。

这样一种表示顺从的姿势，人们平时并不会有意识地去练习，但是大家心里都清楚，只要做出这样的姿势就会收到预期的效果。

3. 注视

只有当两个人彼此眼神相交时，才算是真正形成了互相沟通和交流的基础。

在我们和别人交谈时，有的人会带给我们舒服愉快的感觉，有的人则会令我们局促不安，甚至还有一些人会让我们觉得不可信赖。这些感觉的产生都是从眼神开始的，而且往往取决于对方注视我们的时间有多长；或者面对我们注视的目光，对方有着怎样的反应，等等。

英国的迈克尔·阿盖尔先生是一位研究社会心理学和肢体语言技巧的先驱。他发现欧美人在彼此交谈的过程中，平均约有61%的时间里目光会保持着注视对方的状态。其中包括自己说话时，注视对方的时间约占41%；聆听别人说话时，注视对方的时间约占75%；而交谈时彼此目光对视的时间约占31%。

阿盖尔的记录显示，人们的每次注视平均持续2.95秒，双方目光对视平均持续1.18秒。

我们发现，在交谈中，目光相交的长短程度差异很大，最低的只占谈话时间的25%，而最高的则是100%，也就是交谈的两个人始终处于眼神相交的状态。

目光相交时间的长短取决于参与交谈的对象以及彼此的文化背景。

一般来说，当我们和别人说话时，有40%—60%的时间里，我们会和对方目光相接；而在聆听别人说话时，这个比例会上升至80%。

但是，这个普遍规律并不通行于全世界，在日本和某些亚洲、南美国家，长时间的注视会被认为是挑衅或者失礼的行为。日本人在和别人交谈时，常常将脸转向一旁或是看着对方的咽喉部位。如果是对日本文化不了解的欧美人，碰到这样的情况一定会相当局促不安。

阿盖尔还发现，在两个人互相交谈时，如果A很喜欢B，那么A就会经常向B投去注视的目光。这种注视的目光会让B体会到A对自己的好感，所以B也会同样回报给A注视的目光。

这也就是说，在大部分文化背景下，如果想和其他人建立起和善友好的关系，就应该在谈话时多向对方投去注视的目光，这个时间比例至少应该达到60%—70%。这样的做法一定会让交谈对象对你产生好感。

反之，如果在和别人谈话时紧张怯懦，注视对方的时间还不到三分之一，那么对方对你产生不信任感，也就没什么可奇怪的了。

当两个人在交谈中产生第一次目光接触时，往往是弱势的一方会先把视线移开。这也就说明，保持注视对方的姿态，是以一种微妙的方式传达出挑战的意味。

第二章　面部表情：心理情绪的直观表达

如果是当对方表达自己的意见或者观点时，你久久地注视对方，那就表示你不同意他的看法。假设你和一个地位比你高的人谈话，例如你的合作伙伴，在你想表达反对意见时，你就可以把注视他的时间拉得比平时稍长一点，这样他就会明确地感觉到你的态度。

注视的目光基本上可以分为两类：社交场合的目光和表达权力的威严目光。

（1）社交场合的目光

实验表明，在普通的社交活动中，注视者的目光主要集中在由对方的两只眼睛和嘴巴组成的三角区域内，大约有90%的时间里目光都停留在这个三角区域内。

我们通常是在毫无威胁感的环境下把目光投向这个区域，而且，我们注视的目光也会让对方觉得安心，认为我们没有侵略性。

（2）威严的目光

想象对方的额头正中长了第三只眼睛，把你的目光投向假想的第三只眼睛与其他两只眼睛所组成的三角区域内。这种注视所造成的效果是让他人感觉到你的威严和可信。

目光投向这个区域能够产生威严的感觉。这种威严的注视不仅会使气氛变得十分严肃，而且能让那些讨厌的人立刻闭上嘴巴。将你的目光锁定在这个三角区域内，被你盯着的人就会始终有遭到威逼和胁迫的感觉。只要你不把目光移到对方眼部以下的区域，压迫感就会始终伴随他们。

在友好或是浪漫的场合，千万不要采取这种威严的目光。但是如果你想要吓唬谁，或者有什么人总是絮絮叨叨惹人烦，那么就亮出这个招数吧，一定非常奏效。

如果你的眼睛看起来显得温和柔弱或者怯懦无力，我们建议你练习这种威严的凝视，来让自己更具备威严的感觉。当你可能受到别人的攻击时，试着不要眨眼，并且死死盯住对方的眼睛。盯着攻击者的时候，要把眼皮压低，视线尽量集中在对方的眼睛上。这种目光也是肉食动物在袭击猎物前使用的眼神。如果你面前站着好几个人，你还可以在不眨眼的情况下将目光在他们身上一一扫视。这样，看到你这种目光的人一定都会感受到恐惧的情绪。

我们还要进一步提醒你，在用目光扫视其他人时，应该先移动眼球，然后再让头部跟随自己的目光缓缓转动，但是你的肩部必须始终保持静止。

在电影《终结者》中，面对那些妄想控制人类的智能机器人，阿诺德·施瓦辛格就是用这种威严的凝视，把恐惧的情绪注入他们的心中。不过，无论如何，更明智的做法是不要招惹那些难以打发的人，只跟和善友好的人打交道，这样你就不必使出威严的凝视这一撒手锏了。

4. 斜视

斜视的含义很丰富，它可能是表示感兴趣，也可能是表示不确定，甚至是表示敌意。如果人们在目光投向侧方的同时，眉毛微微上扬或者面带笑容，那就是很有兴趣的表现，恋爱中的人们经常将之作为求爱的信号，特别是女人。

如果斜视的目光伴随着压低的眉毛、紧皱的眉头或者下拉的嘴角，那就表示猜疑、敌意或者批判的态度。

5. 延长眨眼的间隔

在正常而放松的状态下，人们的眼睛每分钟会眨6—8次，每次眨眼时眼睛闭上的时间只有十分之一秒。但是只要处

第二章 面部表情：心理情绪的直观表达

在压力比较大的状态，比如撒谎的时候，人们眨眼睛的频率就很可能显著提升。

闭上眼睛不想看你延长眨眼的间隔是指人们在每次眨眼时，眼睛闭上的时间远远长于正常情况的十分之一秒。这种动作属于下意识的行为，是人们的大脑企图阻止眼前的人进入自己的视线，因为他们感觉厌倦、无趣或是认为自己高人一等。如果有人对你做出这样的动作，那就意味着他已经没法忍受跟你继续纠缠下去，所以他每次眨眼时眼睛会闭上两到三秒钟甚至更长的时间，让你从他的视线中消失。如果他的眼睛一直闭着，那就表示他的头脑里已经完全没有考虑你的存在了。

自高自大的人不仅用延长眨眼的间隔来显示自己高人一等的姿态，有时候还会脑袋后仰给你一个长时间的凝视。通常这种姿势是用来表达蔑视的态度，但是当人们认为自己没有受到应有的重视时，也会做出这个动作。总的来说，延长眨眼的间隔还是属于西方文化的肢体语言，特别是英语国家里自认是上流社会的人们，经常做出这个动作。如果在你和别人交谈的过程中，对方眨眼的频率变得很拖沓，那就意味着你的表现不够精彩，需要采取新的策略激发对方的兴趣。

如果你认为对方这样做仅仅是出于高傲，那么你不妨给予这样的回敬：当对方第三次或者第四次长时间闭着眼睛时，快速地向左边或者右边移动一步。这样，当他们再度睁开眼睛时，就会产生错觉，以为你消失不见了，继而又在旁边突然看到你，这一定会让他们吓得不轻。如果跟你谈话的人一边不紧不慢地眨眼，一边渐渐打起了呼噜，那么你完全可以认定你们之间的沟通失败了。

观察一个人的"眼神",也是辨别他忠奸的一个途径。"眼神"正者,品质大致正直;"眼神"邪者,品质大致奸邪。平常所说的"人逢喜事精神爽",是不分品质好坏而人所共有的精神状态。这里谈及的"眼神"与"精神"一词不完全一样,它发自人的心性品质,集中体现在面部,尤其是两只眼睛里,即曾国藩所说的"一身精神,具乎两目"。

诸葛亮就是这样一个通过眼神识别人物的高手。

当时,曹操派刺客去见刘备,刺客见到刘备之后,并没有当时下手,并且与刘备讨论削弱魏国的策略,他的分析极合刘备的意思。

不久之后,诸葛亮进来,刺客很心虚,便托词上厕所。

刘备对诸葛亮说:"刚才得到一位奇士,可以帮助我们攻打曹操的势力。"

诸葛亮却慢慢地叹道:"此人见我一到,神情畏惧,视线低而时时露出忤逆之意,奸邪之形完全暴露出来,他一定是个刺客。"

于是,刘备连忙派人追出去,刺客已经跳墙逃去了。

在瞬息之间,透过眼神的变化,看出一个人的目的和动机,固然需要先天的智慧,但更多的是靠后天的努力,是在环境中磨炼和培养出来的。诸葛亮能够看透此人,主要是从刺客闪烁不定的眼神中发现破绽的。

而生活中,常有仪表不俗、举止轩昂之辈,想一眼识破他的行径,就可能比较困难了。王莽就是这种类型的人。

王莽这个人在历史上的名声并不太好,但就他本人的才

第二章　面部表情：心理情绪的直观表达

能而言，在当时也算得上是一个极其难得的人才。如果他不篡取王位，不显露本性，仍像未夺得朝政大权之前那样勤奋忠心地工作，俭朴地生活，说不定会成为一个流芳百世的周公式的人物。

新升任司空的彭宣看到王莽之后，悄悄对大儿子说："王莽神清气朗，气很足，但是眼神中带有邪狭的味道，专权后可能要坏事，我又不肯附庸他，这官不做也罢。"于是上书，称自己"昏乱遗忘，乞骸骨归乡里"。

从眼神上来分析，"神清而朗"，指人聪明俊逸，不会是一般的人。眼神有邪狭之色，说明其为人不正，心中藏着奸诈意图。王莽可能也感觉到了彭宣看出一些什么，但抓不到把柄，恨恨地同意了他的辞官，却又不肯赏赐养老金。

所以说，有些人虽然目光澄澈，但是有游移不定的神色，这样的人大多奸邪。

当然，更多的眼神含义还有待我们多去归纳和总结。我们要始终牢记，眼睛是一个人内心真实情感流露的窗口，只有看准这扇奇妙的窗户，我们才能在最短的时间内洞察到一个人的内心，从而为彼此日后的沟通打下坚实的基础，这样才不至于说话不投其意，更不至于被他人玩弄于股掌之中而不自知。

从鼻子看心理

在谈话中，对方的鼻子稍微胀大时，多半表示得意或不满，或情感有所抑制。

鼻头冒出汗珠时，应该说就是对方心理焦躁或紧张的表征。如果对方是重要的交易对手，必然是急于达成协议。鼻子的颜色如整个泛白，就显示对方的心情一定畏缩不前。

鼻子的形状像鹰嘴，尖向下垂呈钩状，阴险凶暴；鹰鼻而眼深者生性贪婪，不知足；鼻孔朝着对方，藐视对方，瞧不起人。

鼻子坚挺，指人性格坚强，固执己见；摸着鼻子沉思，说明对方内心斗争激烈，处于犹豫不决的境地。

听你说话时摸鼻子，说明对方不相信你的话，他在考虑如何对付你。

鼻子的表情当然不如眼睛或嘴丰富，但也能提供给观者若干信息：皱鼻子表示厌恶；歪鼻子表示不信；鼻子抖动是紧张；抽搐鼻子一定是闻到怪味；鼻孔翕张代表发怒或恐惧；哼鼻子有排斥的意味；嗅鼻子是闻任何气味都有的反应。

想骗人的时候，会不经意地用手抚摸鼻子；思考难题或极度疲乏的时候，会用手捏鼻梁；厌倦或挫折的时候，则常用手指挖鼻孔。这些触摸自己鼻子的动作，都可视为自我安慰的信号。

如果有人问我们一件难以答复的问题，但我们为了掩饰内心的混乱，而勉强找出一个答案应付时，手会很自然地挪到鼻子上，摩它、揉它、捏它，甚至压挤它，好似内心的冲突会给精巧的鼻子造成压力而产生一种几乎不为人所知的瘙痒感，以至于我们的手仍不得不赶来救援，千方百计地抚慰它，想要使它平静下来。这种情形见诸不惯于撒谎的人，在他不得不隐瞒真相时最为明显。当然，有经验的人很快可从鼻子上看出别人的隐情。

第二章　面部表情：心理情绪的直观表达

从嘴巴看心理

人嘴部的动作是很丰富的，这些丰富的嘴部动作，从某种程度上可以折射出一个人的性格特征和心理态度，不信可以仔细观察一下。

心理学家研究表明，人们将手指放在嘴唇之间的手势，与婴儿时期吸吮母亲的乳头有关系，是人们潜意识里，渴望母亲给予的这种安全感。因此，当人们犹豫不决、有压力或者感觉孤立时，总会不经意将手指放在嘴唇之间，当然，有时手指还会代之以实物，例如烟、笔等。

在这种不安全、犹豫情绪的影响下，人们会撒谎，或者拒绝透露内心的真话。很多时候，对方会在话说到一半时，突然中途打住，将手指放在嘴唇间做思考状，这个手势是在告诉你：对不起，我接下来的话不便透露给你！

有人说，嘴巴不出声也会"说话"。可见，嘴巴不仅用来表达有声的语言，同样，也可以表达丰富的肢体语言。比如：

嘴唇闭合，表示平和宁静、端庄自然。

嘴唇半开或全开，则是表示诧异、疑问、惊讶。

嘴唇全开，表示惊骇、惶恐。

在人际交往中，除非我们是为了沟通谈判的需要，否则不得已，不要轻易做出这种动作。

嘴角下垂，通常表示痛苦悲伤、无可奈何的情绪。

嘴唇噘着，一般都是表示生气、不满意的意思。这种表情,要是在正式的场合出现,会被认为是不尊重对方的表现。

嘴唇紧绷,多半是表示愤怒、对抗或者决心已定。而故意发出咳嗽声并借势用手掩住嘴是表示"心里有鬼",有说谎之嫌。

嘴角上扬,表示的是善意、礼貌、喜悦的意思。在人际交往中,这种身体语言特别会让对方感觉到真诚和友善。

说到嘴巴就不能不说嘴唇,它们是不分家的。在现实生活中,我们也可以从一个人嘴唇的形状,来看到他的人生。

一般来说,一个人的嘴唇,应该是红润而有光泽的,而且,上下对称。如果一个人的嘴唇非常小,经常收缩,同时又有缺陷,比如,两片嘴唇不对称,颜色不好,或青、或紫,都是不健康的,这应该跟饮食习惯和作息不规律有关。归结起来,是一个人生活不规律所造成的。

嘴唇厚的人,多是富贵长寿之相,且富于艺术天分。但过厚也不好,易走向贫乏的极端,显示其个人欲望太强。

嘴唇较薄的人,性格多是好辩的,而且伶俐机警,外刚内怯,多是显薄情。

嘴唇长得比较长的人,好胜心强,而且非常现实,但这也说明能力较强。

嘴唇短小的人,一般都非常富于理想,缺乏果断力,犹豫不决,易于动摇。

嘴唇两端,嘴角下垂的人,易抑郁、悲观、消极、脾气古怪、易怒、固执,较难相处。

有这样一个小游戏——"贴嘴巴",在不同的脸上,贴上不同表情的眼睛和嘴巴,然后观察其中的新表情,不同的

第二章 面部表情：心理情绪的直观表达

搭配，有着不同的表情。可是人们发现，用同一个眼睛的表情，搭配不同嘴巴的表情后，结果让人大吃一惊。人们总以为，眼睛是一个人表情的全部表现，其实不然，嘴巴也是重要的表现工具。

嘴巴一共有四种基本运动方式：张开闭合，向上向下，向前向后，抿紧放松。这些丰富的嘴部动作，也能反映出一个人的性格特征和心理态度。

嘴巴动作中最典型的是笑，这是人类最美丽的动作，也是最直观的一个情绪动作。不同的人，有不同的笑，嘴部的动态亦有所差异。

人的下嘴唇往前撇的时候，表明他对接收到的外界信息，持不相信的怀疑态度，并且希望能够得到肯定的回答。

人的嘴唇往前噘的时候，表明此人的心理可能正处在某种防御状态。

在与人交谈中，如果其中有人嘴唇的两端稍稍有些向后，表明他正在集中注意力听其他人的谈话。

嘴角稍稍有些向上，这种人看起来很机灵或是活泼，而实际上他们的性格大多也是比较外向的，心胸比较宽阔，比较豁达，与人能够很好地相处，不固执。

在与人交谈时，用上牙齿咬住下嘴唇，或是用下牙齿咬住上嘴唇以及双唇紧闭，这大多表示一个人正用心地听另外一个人的讲话。他可能是在心里仔细地分析对方所说的话，也可能是在认真地反省自己。

口齿不清，说话比较迟钝的人，可以分不同的情况来讨论：一种人是不仅在说话方面表现得不够出色，而且在其他各个方面的表现也都是相当平庸的，这样的人若想获得很大的成就，可谓不易。还有一种人，他们的语言表达不精彩，而且也不太经常表达自己，但一旦表达，肯定会有不凡的见解，这说明这个人具有某一方面或某几方面比较出众的才能。

说话时用手掩嘴，说明这个人的性格比较内向和保守，经常害羞，不会将自己轻易地或过多地呈现在他人面前。用手掩嘴这个动作另外一个意思，还表明可能是自己做错了某一件事情，而进行自我掩饰，张嘴伸舌头也有这方面的意思，但也表示后悔。

在关键时刻，将嘴抿成"一"字形的人，其性格多比较坚强，有股不达目的誓不罢休的顽强韧性。这样的人对某一件事情，一旦自己决定要做，不管其中要付出多少艰辛，都会非常出色和圆满地完成。

从下巴看心理

下巴缩起的人，做事多比较小心和谨慎，能够很好地完成某一件事。但这种人多比较封闭和保守，而且疑心很重，在一般情况下不会轻易地相信别人。

下巴高昂的人，给人的第一感觉往往是心高气傲，这种感觉在很多时候是没有错的，下巴高昂的人大多具有强烈的优越感，且自尊心很强，他们常常会否定别人，对别人所取得的成绩持不屑一顾的态度。

当人处于极度疲乏的状态时，一般人更会做出"伸长下颌"的动作。

第二章　面部表情：心理情绪的直观表达

"突出下颌"一般而言，不论男女，均属具有攻击性的行为，可视为一种想表示"扑向前去暴揍"的意图的动作。

不少人在发怒时，经常将下颌伸向前方，这也可以视为想将其愤怒的情感扔向对方的一种攻击欲求的表现。

第三章
动作表情：小动作泄露天机

微表情是内在情感的外部显现。它通过肌肉运动、手势等诸多无声的体态语言将有声的语言形象化、生动化，以达到先"声"夺人、耐人寻味的效果。它能充分弥补语言表达的不足，并可帮助听话者深刻、准确地把握言事意旨，有效地防止因言语表达的空乏而带来的误解。

从头部动作看心理

头部动作也是运用较多的身体语言,而且头部动作所表示的含义也十分细腻,需根据头部动作的程度,结合具体的条件来对头部动作信息进行判断。

如果你注意一下电视播音员,特别是如果你能有机会对比一下新闻播音员与节目主持人时,就会发现播音员即便是坐在那里不动,他的头也在不停地摇动;当主持人站在那里,他的头也在不停地摇动,而主持人坐在那里,他的头却不怎么动。播音员的头部动作便是配合播音内容,对播音语气的一种辅助。

但在一般人际交往中,头部动作所表示的意思大致有以下几种。

1. 点头

这一动作可以表示多种含义,有表示赞成、肯定的意思;有表示理解的意思;有表示承认的意思;还有表示事先约定好的特定暗号等。在某些场合,点头还表示礼貌、问候,是一种优雅的社交动作语言。

2. 摇头

摇头一般是表示拒绝、否定的意思。在一些特定背景条件下,轻微的摇头还有沉思的含义和不可以、不行的暗示。如果面对某种突发的场景,还有"没想到""真不可思议""真是不得了"等含义,但一定要配合脸部表情。

3. 昂头

有些国家的人常习惯用前额和下巴指点方向。他们在表示愤怒、失望、厌烦或急躁时,有时昂一下头,嘴里还"咂咂"有声,同时还可能眨眨眼睛,或者眼珠向上或向一侧转动。

跟相识者打招呼时,英语国家的人常常昂一下头,当然他们也用点头表示相互认识,但认为昂头更为友善、更为随和、更为平等。英国男子对熟人打招呼,有时也只是微微昂一下头(或不昂头),抬一抬眉,实际上,这是一种微笑。

留长头发的青年女子由于头发常常散披至脸部,往往有一习惯动作:向后一昂头,将头发甩到脑后,并用手拂一下。在无人的情况下,这一下意识的举动并无什么含义。但是,在某些特定场合也可能是一种自鸣得意或调情求爱的表现。男子表达这一意思的方法是伸伸脖子,晃晃脑袋,为了进行掩饰,常常用整整领带、衣领或摸摸脖子掩饰一下。

4. 摆头

将头左右摆动,表示也许、犹豫不决、差不多、马马虎虎、不大清楚等意思,甚至还表示同性恋或阴阳人。

指示方向或叫某人过来的一个常见动作是,头猛地向所指方面摆动,或下巴指向所指方向。

5. 垂头

垂头大多是败北的表现。

在所有的头部动作语言中,最为常见的一种就是所谓的帮腔(也就是频频点头称是)。从常识方面来说,这不外是接受对方,以及跟他唱同调的表示。如果不是偶尔点一下头,而是超过了常态,始终点个没完的话,那并非只意味着心有同感,而且也表示很强烈的暗示。

我们时常看到这种情形,在对方的话告一小段落时,总是会"嗯……嗯……"地帮腔两次的人,在这种场合,与其说他正倾听着对方讲话,不如说他已经被对方的话吸引,以两声"嗯……嗯"来配合对方而已。他虽然频频地"嗯……嗯",不过只是帮腔而已,显然并没有理解对方的话之内容。

由"扬起镰刀形的脖子"的表现就可以推测一斑,脖子也是攻击或者自我主张的表现。表示恭顺的低头,乃是多数民族共通的身体语言。至于低垂着脖子,则为失意或是败北的表现。

不过,在充满了竞争的社会里,这种动作是很屈辱的,在众人面前是很难得看到的,必须等到一个人独处时,才可以观察得到。

从手的动作看心理

双手是人的另一张脸,富含各种各样的表情。有时候一个人的脸上表现的并不是真正的表情,而手上却传达了真正的意图。比如:客人说要走了,主人嘴上说着"别走,别走,再坐一会儿",而手上却已经在收拾客人用过的东西准备送客了,哪一个是真实的心理表现,大家一看就都知道了。

所以,读人更应注重读他的手,因为手会为你透露更多的信息。

习惯用右手做事的人,左半脑大多比较发达,在他们的性格中,理性的成分要多于感性,做事有条理,逻辑性强。他们的优势表现在处理有关数学方面的问题上,但在美学、文学等方面则要相对逊色许多。

第三章　动作表情：小动作泄露天机

习惯用左手做事的人，右半脑大多比较发达，而在他们的性格中，感性的成分往往要多于理性。他们具有很丰富的想象力，很强的创造力，感觉比较灵敏和准确，这样的人在很多时候不能与社会合拍，所以在习惯用左手做事这一群体中，患精神疾病的人的比例往往是最高的。

修长纤细的手指是敏感的象征，有修长纤细手指的人大多是相当敏感的，他们常常会对一些事情进行无端的猜疑和想象，然后自我苦恼。他们的感情很丰富，但是性格却很脆弱，常常是别人一个无心的动作和话语，也会给他们造成莫大的伤害。

具有短且粗的手指的人，多是积极的，肯负责任的，他们对任何一件事情，一旦打算要做，就会全身心地投入其中，有始有终地把它完成。他们的性格比较固执和顽强，大多会选择一些需要较高判断力、敏感度很高的职位来做。

总是紧握着拳头的人，可能是比较缺乏安全感的，所以防御意识比较强，他们并不是要去攻击别人，可能只是提防别人的攻击。他们做人的信条很可能就是人不犯我我不犯人，人若犯我我必犯人。除了缺乏安全感以外，经常握着拳头的人，是能够关心体贴别人，富于同情心而又善解人意的。

冲动起来便会咬指甲的人，这无疑是一种紧张、恐惧的症状，说明这一类人是缺乏必要的安全感的。

喜欢留长指甲的人，一般来说，他们的占有欲望是很强的，并且随时做好了争取的准备，只要时机一到，就会立即付诸行动。这是一种很能招惹是非的危险性人物，他们总是能够随心所欲地将痛苦或是欢乐施加给他人。

老是把手指合在一起的人，会经常处在一种非常矛盾的状态当中，理智和情感总是在不停地交战。这种人大多能很好地掩饰自己，虽然他们的内心非常不平静，但他们的表现却是泰然自若的。

一只手放在另外一只手上面，这要分两种不同的情况来说明，就是到底是哪一只手在上面，哪一只手在下面。如果是左手在上，而右手在下，则说明这是一个感性意识比较强的人，他们通常会依照自己的直觉和抽象的推论来完成某件事情。相反，如果是右手在上，而左手在下，则说明这是一个理性意识比较强的人，会依循客观的实际来做事。

用手指扭头发，这一肢体语言，也要分两种情况来讨论。一种是表示这个人很紧张，缺乏必要的安全感；还有一种是展现自我，表示他想吸引他人的注意力，他们知道自己是很有魅力的，做出这样的姿势是一种自信心的流露。

习惯用手指挖鼻孔或是掏耳朵的人，在思想上还不是特别成熟，有些时候会有些相当幼稚的表现。他们喜欢收集和储存各种各样自己认为很有意义和价值的东西，可那些东西在他人看来，可能只是一堆垃圾。

喜欢用手对所说的话进行补充、解释和说明的人，常常习惯对一些事物进行夸张，以增强所说的话的效果。他们的性格中感性成分往往要丰富一些，有一些多愁善感，很能引起其他人的注意。

涂着不花哨的指甲油的人，说明她很爱漂亮，但不喜欢张扬。而涂着非常性感、能吸引人心动的指甲油的人，则说明她在爱美的同时，还有着很强烈的表现欲望，希望能够引起他人的兴趣，并给予过多的关注。

喜欢把双手放在背后的人，多比较沉着和老练，他们

第三章 动作表情：小动作泄露天机

为人十分谨慎和小心，自我防卫意识比较强，时刻做好了准备，以防别人的偷袭。

经常把指关节弄得嘎巴响的人，其脾气多是暴躁、易怒的，遭遇一点事情就明显坐卧不安。所以，从某一方面可以说，他们并不是一个十分成熟的人。这一类型的人的表现欲望也是很强烈的，他们希望别人能够给予自己一些或是很多关注的目光。他们喜欢把指关节弄得嘎巴响，可能也有这一方面的原因。但用这种方法吸引他人的注意，到最后往往收不到什么效果，可能还会让他人觉得厌烦。

从肩的动作看心理

耸肩膀这一动作，外国人使用较普遍。由于受到惊吓，或表示紧张都会耸耸肩膀。另外，耸肩膀还有随你便、无可奈何、放弃和不理解等含义。

靠肩表示完全信赖及亲密感。描写有关肩膀的词句有很多，像"肩并肩"等。由此，我们不难明白肩膀乃表示着威严、势力、攻击及防卫等含义。

向后拉的肩膀表示日积月累的不满与愤怒，缩着肩膀意味着不安与恐怖，耸起肋部的肩膀表示责任感的重大，向前倾的肩膀则表示精神方面的负担。

像武士的礼服、军人的肩章和西装的垫肩等装饰，都是强调着勇敢。基于这种看法，喜欢在肩膀上披着衣服走路的男人，也是一种变形的肩膀强调。

如果说，肩膀是显示自己存在的身体语言，那么，跟对方肩并肩地走路，或是拍打肩膀等的亲密动作，则表示可以把自己委托给对方，也表示出充分信赖以及亲密感。英语有一句"shoulder to shoulder"乃是具有同心协力意味的一句话。

从脚的动作看心理

脚的动作虽然不易观察，但却更直观地揭示对方的心理，挑衅时双腿挺直，厌烦或忧郁时双腿无力，兴奋时手舞足蹈。一般人腿交叉的姿势，也许是为了舒服，但有些情况则不同，例如青年男女在谈情说爱的场合，若女的坐在一旁，双臂交叉，双腿相搭，就证明她内心不愉快；还有些人常用一只手或双手掰住一条腿，形成一种"4"字形的腿夹，这暗示当事人顽固不化的态度；又如一些女性，喜欢将一只脚别在另一条腿上，这是一种加固防御性的体态，表示她害羞、忸怩或胆怯。当然，在另外的场合，抖脚表明轻松、愉快；跺脚表明兴奋，但在愤怒时也会跺脚；脚步轻快表明心情舒畅；脚步沉重说明疲乏，心中有压力等。

跷起脚是在显示势力范围，一般来说，跷起脚的动作被解释为拒绝的信号，但有一点是要特别注意的，那就是在一个集团中，谁先采取这种动作（不论男、女）。先采取跷起脚姿势的人，可知一定就是这个集团的首脑。对女性而言，跷起脚的动作，也可说是欲显示自己无意识愿望的表现。

从胸的动作看心理

伸直背脊挺胸的姿势表示自律的性格。用手掩盖胸部，可说是表示自己的懦弱，也就是自我防卫的信号。女性在受了

第三章　动作表情：小动作泄露天机

惊吓或者面临危险时，会用手去掩盖胸部，这是在强调她是柔弱的女性，或许也是向男性求救的信号。反过来说，抬头挺胸、伸直背脊的姿势，正表示她毫不在乎一切人，甚至会因此而扬扬得意，借此表现出坦然、充满了自信以及自律性。

挺胸的动作，也表示身体领域的扩大，所以个头小的人要挺胸，乃是一种对小体格的补偿行为。

小动作暴露心理活动

一些小动作看似无意，其实恰好是一个人的气质、个性、品格、学识、修养、阅历、生活等方面的综合反映。我们可以从一个人的小动作上，看出他内心深处的潜意识举动。

历史上，就有透过齐桓公的举止动作，被三个识人高手由表及里瞬间看透的趣话。

齐桓公上朝与管仲商讨伐卫的事，退朝后回后宫。

卫姬一望见国君，立刻走下朝堂一再跪拜，替卫君请罪。桓公问她什么缘故，她说："妾看见君王进来时，步伐高迈，神气豪强，有讨伐他国的心志，看见妾后，脸色改变。君王一定是要讨伐卫国。"

第二天，桓公上朝，见到管仲。管仲说："君王取消伐卫的计划了吗？"桓公说："仲公怎么知道的？"管仲说："君王上朝时，态度谦和，语气缓慢，看见微臣时面露惭愧，微臣因此知道。"

还有一次，齐桓公与管仲商讨伐莒，计划尚未发布却已举国皆知。桓公觉得奇怪，就问管仲。管仲说："国内由定有圣人。"桓公叹息说:"白天来王宫的役夫中,有位拿着木杵而向上看的,想必就是此人。"于是命令役夫再回来做工,而且不可找人顶替。

不久,拿木杵的人被找来。管仲说:"是你说我国要伐莒的吗?"他回答:"是的。"管仲说:"我不曾说过要伐莒,你为什么说我国要伐莒呢?"他回答:"君子善于策谋,小人善于臆测,所以小民私自猜测。我看君王和你站高台之上,他精神饱满,举止兴奋,这是准备打仗的表现。他手指的方向又是莒国的位置,不服齐的只有莒国了,所以小民这么想。"

三人均能看出齐桓公的心理活动,都是因为读懂了齐桓公的微表情。

崇德七年(公元1642年)。明朝大将洪承畴在松山战败被俘。皇太极极力劝其投降,但洪承畴誓死不降,骂不绝口,表示只求速死。皇太极无可奈何,只得烦劳范文程前往劝降。

范文程是清王朝的开国元勋,著名的谋略家,宋朝名臣范仲淹的后代,祖辈移居沈阳。他原是明朝落第秀才,满腹经纶,有智谋,有远见。努尔哈赤兴起后,范文程在抚顺谒见他,对策论学,纵横古今,受到努尔哈赤的重视。

范文程去看望洪承畴,且不提起劝降之事,只是天南海北、说古道今地随便闲谈,从中察言观色。说话中,梁上积尘落在洪承畴的衣襟上,洪承畴这个决意将死之人,却几次轻轻将落尘拂去。这个下意识的动作,他人不会留意,却逃不脱明察秋毫的范文程的目光。他由此判定洪承畴可说降。他向皇太

第三章 动作表情：小动作泄露天机

极蛮有把握地报告说:"我看洪承畴是不会死的。他连自己的衣服都那么爱惜,更何况自己的性命呢!"

皇太极闻听此言大喜,洪承畴一松动,对他统一中原是十分有利的。果然事情不出范文程的意料,经过孝庄皇后的美人计和巧妙耐心的劝降活动,一向自视为明朝最后一位忠臣的洪承畴,最终还是俯首就范了。范文程由表及里,观察入微的识人之术,通过细致观察外部特征,推测其心理活动,达到神奇绝妙的地步。

在这个故事里,通过范文程神奇的由表及里的洞察,瞬间透视了对方的心理。

人的许多肢体语言是在小动作中表达的,而这些正是心理的真实表白。

有一个少年向他妈妈辩白,说还有其他人也从饼干筒里偷饼干,但他却不敢看妈妈的眼睛。他的两腿替换着站,还结结巴巴的语不成句,这时任何人都能看出他的不安了。

诚实的人通常很自在、开放,不诚实的人则相反。任何暗示焦躁、紧张或神秘的动作,都可能意味着不诚实。当然一些习惯成自然的骗子则可例外。习惯型的骗子因为太习惯撒谎,所以他要不就是毫不在乎,要不就根本不知道自己在撒谎,因此反而能不动声色。以骗人为职业的骗子台词背得滚瓜烂熟,所以行动上也往往天衣无缝。

就跟吸毒和酗酒一样,爱撒谎的人通常都不承认。但只要你学会如何寻找蛛丝马迹,撒谎就不难侦测。我们列在这儿的征兆可以很有效地测出偶尔型和经常型的骗子。这些外表上的线索,只有在此人知道自己在撒谎或起码在撒谎时自己也觉得不好受时才会出现。好在大部分人顶多也只是偶尔地撒谎，所以撒了谎后会在很多方面暴露出不自在来。

一般来说，不诚实的人说话时，闪烁或游移不定的目光、坐立不安、讲话速度快、音调改变、两脚换前换后（或在椅中坐前坐后）、很夸张的"诚恳、深刻表情"、流汗、发抖、对眼睛、脸庞或嘴巴遮遮掩掩（例如讲话的时候用手捂住嘴、揉鼻子、眨眼睛）、舔嘴唇、舌头盖住牙齿、往前倾、不恰当的轻佻，如拍背、碰触其他部位、靠得太近（侵犯个人空间）等。

诚实的人就正好是上述的相反。诚实的人能放轻松、镇定，经常会和善地回应你的目光。真诚的微笑、温暖以及和善的目光正是我们最常见的诚实标记。

当压力开始增大时，可能就很难判别到底是"诚实而紧张"，还是防卫心强或不诚实。如果你的员工犯了大错，你一定要他做出交代，那么就算他句句属实，他也很可能会神情紧张、自我防卫意识很强。我看上过百个紧张的证人，我发现要知道对方在紧张的场合里到底有没有说谎，最可靠的方式，就是注意他们的行为模式，留意其中的一致性和异常处。

不管在任何时候，都要注意一些小动作，因为这些小动作总在告诉你对方的真实意图。特别是在他烦躁不安的时候，则更须用心观察。

每个人都会有心情糟糕的时候，从而显得烦躁不安，这种感情除了通过面部表情及口头语言表现出来以外，还有一些无意识的动作。通过这些动作，有时也能观察出人们的一些性格特征。

美国的艾里·菲德曼博士是一位心理学家，他对人在烦

第三章　动作表情：小动作泄露天机

躁不安时的动作进行了细致的研究，并做了如下的分析：

用嘴咬眼镜腿、铅笔或是其他的一些物品的动作，表明这是性格比较内向的一种人。他们喜欢我行我素，而不受他人限制。他们之所以做出这种动作，是想掩饰自己恶劣的情绪，意图是不想让他人知道。但这种掩饰如果起不到什么作用，情绪进一步恶化，他们可能就会在突然之间发很大的脾气，而且没有人能够制止得了。

用指尖拢头发、轻搔面部，或是把食指放在嘴唇上，这种人比较开朗和乐观，在挫折和困难面前虽然有时也会感到很丧气，但是能够很快地调整好自己的心态，实事求是地面对一切，积极地去寻找解决问题的办法。

用手抚摸或抓下巴，这种人多比较圆滑、世故和老练，处理问题能够比其他人更客观、更理智。抚摸下巴是一种自我镇定的方法，意图是避免或克制自己感情冲动，意气用事，同时也是在思考下一步的对策。

烦躁不安时，两手互相摩擦，这种类型的人，大多自信心很强，善于自我挑战，敢于承担一定的风险。而且既然决定要做一件事情，就不会轻易地改变主意和行动方向，但有时也会显得很固执。

烦躁不安时，咬牙切齿，这种类型的人情绪变化无常，极不稳定，而且心胸不太宽阔，好意气用事，理智常常无法控制感情。

心不在焉地乱写乱画，这一类型的人大多有很强的创造力，而且为人处世较慷慨，不会太斤斤计较，与人交往起来会非常容易。

在与人交往的过程中，一定要学会识别一些假动作，下

53

列指出的就是一些常见的假动作。

1. 掩嘴

这是一种明显未成熟、还带孩子气的动作。用拇指触在面颊上，将手遮住嘴的部位称作掩嘴。也许说谎者大脑潜意识中使他不想说那些骗人的话，而导致了掩嘴这一动作。也有人假装咳嗽来掩饰其捂嘴的动作，分散自己的注意力。如果一个同你谈话的人常伴有掩嘴的手势，说明他也许正在说谎话。可当你讲话时，听者掩着嘴，也许说明听者觉察到你在说的话令他不满意。

有时，这种掩嘴的动作可能会出现不同的形式，如用指尖轻轻触摸一下嘴唇，或将手握成拳状，把嘴遮住。

2. 触摸鼻子

当一个人说谎后，会有一种不好的想法进入大脑，于是他会下意识地指示手去遮捂嘴，但是到了最后的关头，又害怕别人看出他在说谎，因此，只是很快地在鼻子上摸一下，马上就把手放下来。当一个人不是在说谎，那么当他触摸鼻子时，一般是要用手在鼻子上摩擦一会儿，或搔抓一下，而不是只轻轻触一下。

3. 揉眼睛

人们在说谎时，往往会去揉眼睛以避免与人的目光接触。从男人来讲，揉眼睛通常较用力，如果是说谎时，他常常转移视线，如用眼睛看着地板。揉眼睛的女人，一般都是在眼睛的下方轻轻地揉。这样做一是为了避免动作粗鲁，二是怕弄坏了自己的妆。为了避开对方的注视，她们眼看天花板故作镇静。

第三章 动作表情：小动作泄露天机

4. 拉衣领

专家研究发现，当一个人说谎时，往往会引起敏感的面部和颈部皮肤的刺痛感，因而就必须用手来揉搓或搔抓。当说谎的人感到对方怀疑他时，脖子似乎都会冒汗，这时他会下意识地拉一拉衣领。

5. 搓耳朵

这种手势常暗示着听者没有听出谎言。搓耳朵的变化形式还包括拉耳朵，这种手势是小孩子双手掩耳动作在成人动作中的一种重现。习惯搓耳的说谎者还会用手拉耳垂或将整个耳朵朝前弯曲在耳孔上，后一种手势也是听者表示厌烦的标志。

6. 挠脖子

说谎者讲话时常用写字的那只手的食指挠耳垂下方部位。有趣的是说谎者用这种手势通常要挠上多次。

一个说谎者，除了以上几种表现外，还有其他一些表现，如平时沉默寡言，突然变得口若悬河；虽不自觉地流露出惊恐的神态，但仍故作镇定；言辞模棱两可，音调较高，似是而非；答非所问或夸大其词；故意闪烁其词，口误较多；对你所怀疑的问题，过多地一味辩解，并装出很诚实的样子；精神恍惚不定，座位有意距你较远，目光与你接触较少，强作笑脸；对于你的讲话，点头同意的次数较少，如此等等。

辨认对方的假动作是一项非常重要的技巧，掌握这一技巧，有助于识破对方人性中的许多弱点。

第四章
姿态表情：举手投足破解心理密码

一个人的身体姿态是心理的外在表征。假如一个人很消沉或情绪低落，他就会看起来萎靡不振；假如一个人很疲惫，他就会没精打采；但假如一个人正春风得意，他可能就会"春风满面"，甚至有些"得意忘形"，还可能用"手舞足蹈"来表达内心抑制不住的激动。

身体姿态可以影响别人对你的感觉和印象，如果你再善于用你的形体语言与别人交流，那么定会受益匪浅。

从站姿看心理

鲁迅在《故乡》一文中，曾这样描述过站立时双手叉腰的杨二嫂——像一支细脚伶仃的圆规。这个比喻非常形象生动，读者闭着眼睛都能想象出杨二嫂的模样，这种站姿的女人一看就跟刻薄、自私脱不了关系。

从这一点看，鲁迅刻画人物形象的功力确实了得，一个站姿描写就能使一个庸俗的妇女跃然眼前。不过，这也从侧面说明一个道理，那就是一个人的站姿确实能呈现出他的真实个性与精神状态。站姿是人们生活中最常见的举止之一，判断一个人是斯文还是鄙俗，是大方得体还是毫无教养，我们都能从对方的站姿中找到合理客观的根据。

既然不同的"站姿"可以显示出不同的性格特征，那我们与人来往，只需要仔细观察对方的站姿，就能在最短的时间内对其有一个大致的认识。尤其是在职场，我们每天都要和公司的领导和同事打交道，由于彼此并不是很熟悉，所以很容易产生误会和隔阂，可如果我们能在对方的站姿中揣摩出一些信息，那以后就不用过于担心自己会踩到对方的雷区了。

郑霜梅大学毕业后，顺利进入一家公司从事平面设计的工作，离开学校和父母庇护的她，显然有点不适应公司这个新环境，面对众多的同事和领导，郑霜梅总感觉无所适从，每当大伙儿聚在一块聊天时，她都不知道说些什么好。所以一直没

第四章　姿态表情：举手投足破解心理密码

能融进这个大圈子。

这一切让她感觉很是郁闷，情绪一直萎靡不振。身边的同事一个个笑容满面，唯独她孤单落寞，好似一只离群的大雁。

有一天，她下班后回到家，父母见她闷闷不乐，连忙关切地问道："小霜，你最近怎么跟霜打的茄子一样，是不是工作不顺利呀？"

郑霜梅点了点头说："我是不是有人群恐惧症啊？我在公司都不敢跟同事说话，万一我说错话得罪了他们，那我以后在公司还有好日子过吗？"

"傻孩子，你工作时间不长，这些情况都是正常的。跟同事说话有什么好害怕的，明天你去公司上班，就挑一个看着面善的同事聊聊天。"父母笑着替她支着儿。

郑霜梅还是顾虑重重："他们又不是我的朋友，我怎么知道他们究竟友不友善呢？"

"这还不简单，你平时没事的时候，多注意观察身边那些同事的站姿，如果有人总是抬头挺胸地站着，并且脸上时常挂着笑容，那你找他聊天准没错。"

第二天，郑霜梅就听从父母给她的建议，仔细打量身边同事的站姿，最后，她终于物色到了一个合适的聊天人选，两个人相谈甚欢，很快彼此就成为好朋友。

其实，郑霜梅父母给她提供的建议并没错，因为一个人如果站立时总是抬头挺胸，背脊挺直，那通常说明其是一个积极乐观、性格外向的人，和这种人打交道，很容易被其散发出来的快乐气息感染，整个人也跟着轻松快乐起来。

大千世界，芸芸众生，站姿更是千奇百态，我们不妨多了解一些比较常见的站姿，从而凭借其更好地应对职场的人际关系。

1. 优雅的站姿

有很多人不知道怎么才算优雅的站姿，因此，站起来很不自然，很不漂亮。

女性的通常站立姿势应该是这样的：抬头，挺胸，收紧腹部，肩膀往后垂；双脚呈丁字状，中间间隔1—2个拳宽；前腿轻轻着地，重心全部放在后腿上，站的时候看上去有点儿像字母"T"。因此人们称为"基本T"或者"模特T"。就好像有一条绳子从天花板把头部和全身连起来，感觉很高，身体都拉起来了，这就是正确的姿势。站起来应该是很舒服的，很大方的，也显得总是镇定、冷静、泰然自若。

男士优雅的站姿是挺胸，抬头，收紧腹部，两腿稍微分开，脸上带有自信，要有一个挺拔的感觉。男性衰老的站姿是腆肚、驼背、含胸、抻头等。这对于老年人很自然，但对于中青年人，则是早衰的特征。

2. 站姿与性格

站姿是由一个人的修养、教育、性格以及身体状况和人生经历决定的，所以它能反映出一个人的方方面面。

特别是站姿不仅能反映出人物的性格，而且也能反映出他当时的内心世界，反映出他对当时环境的想法，甚至能反映出他的职业和身份。我们常常看到人们在看到某个人的站姿（不论是真人，还是电视画面，抑或是相片）时，发出一种评价，"他就像一个军人""他就像一个土匪""他活脱脱是一个……"等，因为人们对每种职业和身份的标准站姿都有一

第四章 姿态表情：举手投足破解心理密码

个自己心目中惯用的标准。有趣的是，每一个人站立在那里时，头脑中都会有意识或下意识地闪过一个要站成什么样子的内容。

在这里，我们不妨列举几种站姿，也试着对它们进行带有个人色彩的释义，供大家参考。不过需要说明的是，全世界有几十亿人，各种站姿多得不可胜数。即便是刚刚学会站立的幼儿，他虽不可能对自己的站姿有什么明确的意识，但他一次次努力站起来就是一种行为语言："我要站起来。"因此，站姿作为行为语言的组成部分，其含义是不言自明的。

（1）双脚自然站立，左脚在前，左手习惯于放在裤兜里

这种人的大多数人际关系较为协调，他们从来不给别人出什么难题，为人笃实敦厚。

如果这类人去与客户建立关系，常常是站在客户的立场替客户着想。

这种人平常喜欢安静的环境，给人的第一印象总是斯斯文文的，不过一旦他们碰上比较气愤的事，他们也会暴跳如雷。

（2）双脚自然站立，双手插在裤兜里，时不时取出来，又插进去

这种人有可能谨小慎微，凡事喜欢三思而后行。在工作中他们最缺乏应有的灵活性，往往生硬地解决很多问题，事后又常后悔。

他们常常把自己关在一个小屋子里，苦思冥想，构筑自己希望的厅堂。抑或是正因为如此，他们大都经受不起失败的打击，在逆境中更多的是垂头丧气。

（3）两脚交叉重心在一只脚上，一手托着下巴，另一只手托着这只手的肘关节

这种人多数是工作狂，他们对自己的事业颇有自信，工作起来非常专心。废寝忘食对他们来说是家常便饭。

这种人多愁善感，对这个世界充满爱心，具有奉献精神。

这种人很坚强，他们一般不会向人屈服，不会因为重重地摔了一跤，就不再继续往充满泥泞和荆棘的道路上前行。

（4）两脚并拢或自然站立，双手背在身后

这种人大多在感情上比较急躁，他们经常轰轰烈烈爱一个人，发誓非你不嫁（娶），但如果让他们去经受爱情的长期考验的话，八九不离十，他们可能要成为爱情的逃兵。

这种类型的人与别人一般都相处得也还比较融洽，可能很大的原因是他们很少对别人说"不"。

他们在工作中往往不会有什么开拓和创新。他们不是"拍马屁"的高手，甚至他们不知道该怎样去"拍马屁"，但他们却经常获得成功，应该说是他们与世无争的态度带来"运气"。

他们的快乐来源于他们对生活的知足，不愿与人争斗。

（5）双手交叉抱于胸前，两脚平行站立

这种人不少是叛逆性很强，时常忽视对方的存在，具有强烈的挑战和攻击意识。

我们经常能在电影电视里看到这种姿势，因为他们对对方不屑一顾；我们也经常在周围的人群中看到这种姿势，他们很会保护自己，喜欢打抱不平，因为他们骨子里流的就是不服的血。

在工作中，他们不会因传统的束缚而捆住自己的手脚。

第四章 姿态表情：举手投足破解心理密码

这种人的创造能力比其他类型的人发挥得更淋漓尽致，不是因为他们比其他人聪明，而是他们比其他人更敢于发挥自己的能力。

（6）双脚自然站立，偶尔抖动一下双脚，双手十指相扣在腹前，大拇指相互来回转动

这种人的表现欲望特别强，喜欢在公共场合大出风头。如果什么地方要出现游行示威，走在最前面的、扛着大旗的多数就是这种人。

他们大都争强好胜，容不下别人。倘若大家都说太阳是圆的，他们一定会说是方的；如若大家都说太阳是方的，这种人肯定会问大家："太阳怎么会是方的呢？"

（7）双手放在腹部，拇指插在腰带里，而且一只脚斜站着

这是典型的互相打量的姿势，态度可能友善，但气氛却并不轻松。如果是两个人面对面而且两脚牢牢地站着，就很可能会发生打斗了。

（8）解开上身外衣，系在臀部，双手叉腰

这是直接挑战的姿势，因为他完全暴露了心脏和喉部，表示无所畏惧。

在20世纪五六十年代，曾经有一位参加过抗美援朝的高炮师长又带着部队参加在越南的抗美援越。刚到一处，他带领参谋们去山上侦察地形，霎时间美国数百架飞机飞过，众人皆伏地躲避，唯独他以这样的姿势迎着飞来的敌机站着。当人们要他躲一下时，他说："怕什么？我就是来打它的。"他那无所畏惧的气势令在场官兵无不佩服得五体投地。以至于多少年后，他们向笔者形容起这位可敬的将军时，仍是那般绘声绘色。

(9)把拇指插在皮带或裤兜里表示挑衅或趾高气扬

这种站姿在美国西部影视片中最常见。不知道真正的西部枪手是不是真的这样在展示他的男子气概，但那些官员却都喜欢用这样的站姿来表示自己的行为语言。穿裤子的女性也会使用这一姿势。她们穿裙子时，是用拇指插在裙带或裙子的兜里。

从坐姿看心理

小时候，我们经常会被父母教导："坐要有坐相。"在老一辈人的眼里，他们最乐于见到的坐姿绝对是两脚并拢，双手安稳地放在膝盖上，因为正襟危坐通常代表着绝对的礼貌和斯文，不仅不会让别人有一种不受尊重的感觉，还能给对方留下一个良好的印象。

从这一点我们可以看出，在人际交往中，坐姿确实非常重要，尤其是和陌生人打交道，由于对方对我们的为人不甚了解，所以他们通常会从细节着手，来窥探我们究竟是怎么样一个人，其中就包括我们的坐姿，因为坐姿往往是一个人心理动向的指向标。

看过综艺节目《鲁豫有约》和《康熙来了》的人，应该都发现过这么一个有趣的现象：主持人鲁豫和小S都喜欢在做节目的时候跷着二郎腿。

当然，二郎腿对于女生来说，有时候确实是防走光的最佳坐姿，但这种坐姿的背后，还有着更深刻的心理意义。

二郎腿实际上有高高在上的意思，一般来说，两个人面对而坐，其中一个人若是跷着二郎腿，通常说明此人有着很强

第四章　姿态表情：举手投足破解心理密码

的自信心，在另一个人面前，其显然觉得优越感十足。

作为一档节目的中心主持人，鲁豫和小S都需在各自的节目中处于领导的地位。因为一旦嘉宾的气势过于凌人，那她们的节目必然会走向失控的边缘。因此，她们在和嘉宾聊天的时候，往往会选择跷着二郎腿的坐姿，这样就多了几分轻松和霸气，容易把控全场的秩序。

众所周知，人们在坐着的时候，总会下意识地寻找一个最为舒适的坐姿，所以当我们全身放松时，我们在不经意间的坐姿就会将自己的内心活动和性格特点出卖。

刘凡俊是一家公司的行政秘书。前不久，公司老板带着他去拜访一位重要客户，临行前，公司老板还特地嘱咐他："待会儿我们和客户一起用餐的时候，你就在边上帮我留意他的一言一行，一定不要错过任何细节。"

一见到这位重要客户，刘凡俊才明白老板为什么要对自己做一番交代了。原来，这位客户来头不小，全身上下衣着打扮都非常讲究，一看就是一位典型的成功人士。

双方在餐桌落座后，开始热情地攀谈起来，老板不停地夸赞对方："肖老板，你的事业可是越做越大啊！以后还得麻烦您多照顾一下小弟的生意啊！"

就在老板说话之际，刘凡俊仔细打量了一下肖老板的坐姿，只见他把双脚伸向前，脚踝部交叉，两只手还紧紧地抓住椅子的扶手。

刘凡俊忍不住皱了皱眉头，因为这种坐姿通常说明对方特别喜欢发号施令，嫉妒心非常强，极有可能是一个很难相处的人。另外，一个人如果是这种坐姿，明显是在控制着自己的

65

感情、恐惧心理和紧张情绪。换言之，肖老板对自己的老板并不信任，应该是心存不小的防备。

用餐结束后。公司老板和肖老板互相寒暄了几句就道别了。回到公司后，刘凡俊立马对公司老板说道："老板，我觉得肖老板不是一个很好的合作伙伴。"

老板听了他的话很惊讶，连忙急切地问道："是不是用餐的时候，你看出他有什么地方不对劲了？"刘凡俊一脸严肃地点了点头，随即他就把自己的观察和顾虑一五一十地告诉了老板。

事后，老板赞许地拍了拍他的肩膀，高兴地说："今天幸亏带你去了。不然我肯定会考虑跟他一起合作，以后说不定会吃大亏。小刘啊，好好干，今后你绝对大有前途！"

刘凡俊的判断果然没错，一段时间后，他听老板说，那些跟肖老板合作的人一个个都怨声载道。他们都说肖老板为人心胸太过狭窄，生性多疑，一点也不好相处。

这就是坐姿的奥妙所在。不同的坐姿，传达出的信息往往各有不同。

1. 坐姿识人

坐姿，可以让人们判断其秉性及城府，但由于现代社交礼仪特别重视，坐相已成为一种礼仪。在某些场所有不适宜的坐相，很容易被人误会而引起反感。

譬如：

（1）浅坐如仪的人

这种人一看就知生性淡泊，与人无争，或者是服从上级。一般来说，一个人欲坐下来之时，总会在潜意识中想

第四章 姿态表情：举手投足破解心理密码

到能够立刻站立起来的姿势。心理学称此为"觉醒水准"高的状态。随着这个水准的逐渐下降，腰部就会逐渐地放松，在这种状态之下是不可能立刻站立起来的。不能立刻从坐姿站立起来的状态，也可以解释为比对方处于更有利地位的表现。

相同的道理，始终浅浅地坐在椅子上面的人，由于"觉醒水准"升高，精神始终处于紧张状态，无形中也表示心理方面居于接受或服从。

（2）双腿紧闭而坐的人

这种人行为拘谨，也表示谦恭、友好地聆听对方讲话。

（3）双膝分开远离而坐的人

个性开朗，粗线条作风的人。

（4）坐时双手交错的人

为人和蔼，处处能为别人设想的人。

（5）坐时右腿置在左腿上的人

在日常生活中，或方针不定，或呆板迂腐。为了使生活获得调剂，增加气氛，不妨做些变动，如去旅游、森林浴或去泡温泉。

（6）坐时左腿置于右腿上的人

能够积极地接受新事物挑战的人。他们会积极接受新观念，并且亲身试验。

像上述类型的身体行为，被解释成为一定的语言意义，虽然不能涵盖所有的坐姿，但是却能激发我们探究行为语言的好奇心。

我们发现古往今来，有很多人都在不断地试探着解释人类行为的特定意义。但是由于时空相对因素的影响，任何一个人的行为并非一成不变。譬如一个矜持的女性，在公开的社交场合可能坐得非常矜持端庄，而在家里的客厅可能坐得双膝分开，而坐在起居室看电视则可能跷着二郎腿……因此本书所探讨的人类身体语言，只可以说是一种概括性的概念。或者说，只是他对当时环境及谈话对象所表示的行为语言。

坐有坐相，也有坐的席次礼仪。譬如我国古代以东为主，以西为宾，还有男左女右之类，现代虽然已不讲究，但是多少还是要注意的。

初次约会，正对着女性，可能使对方感到紧张或拘束，所以最好错开一个椅位，稍微斜一些对着她，两人的讲话才能顺利。

手扶着椅背轻轻坐下，这是最基本的礼节。若是猛然坐下而发出巨响，是难以博取别人好感的，甚至给人专制、蛮横或是缺乏礼貌和教养的感觉。

一般公共场合，大多尊重长者和女性的人会请他们先坐下。反之，则可能自我感觉强烈，自负任性，要么就是真的不懂礼貌。

坐着谈话的时候，双手抱胸，手撑下颔，掏挖鼻孔、耳朵或将烟喷吐向对方，皆是极不礼貌的动作。

大抵在一些正式的公众场所，坐不稳定，双手交枕于脑后，跷腿……也是一种不礼貌的动作。

总之，如果一些人际相处的礼貌被忽略时，就会出现不在意个人的言行举止，当然也就很难用心去观察他人的行坐等行为所蕴蓄的内涵。

第四章　姿态表情：举手投足破解心理密码

2. 坐姿显性

坐姿可分为严肃坐姿和随意坐姿。严肃坐姿一般用于较正式的场合。这时的男性标准坐姿是上身挺直，双腿微微分开，以显示其自信和豁达；女性一般是上身端直，双膝并拢，表示端庄。纽约一个医学中心的心理卫生专家经测验认为，坐姿能显露一个人的个性。

西方稍有些地位的家庭对自己刚成年的子女都要进行"坐""立"等姿态训练。中国现在的礼仪学校、服务业职高，甚至是"舍宾"俱乐部、军队新兵入伍等也一样。可见社会某一阶层对某一类人的"坐姿"提出了要求。

正因为坐姿也能显示人们的某种性格，所以一旦离开社交场合，以随意坐姿出现在其他场合时，人的内心便会被明显地展露出来。我们可以看看下列人的坐姿。注意，是他们在不经意状态时的随意坐姿。

（1）自信型

左腿交叠在右腿上，双手交叉放在腿根两侧。

大多数的这种人有较强的自信心，他们非常坚信自己对某件事情的看法。

他们的天资往往很好，总是能想尽一切办法并尽最大努力去实现自己的理想。

这种人有些很有才气，而且协调能力也很强，总是充当着领导的角色。不过这种人也有一个不好的习性，那就是喜欢见异思迁，"这山望着那山高"。

（2）温顺型

两腿和两脚紧紧地并拢，两手放于两膝盖上，端端正正。

这种人都有些性格内向，为人也比较谦逊，但对于自己的情感世界却很封闭。

这种坐姿的大多数时候喜欢替别人着想,他们的很多朋友往往对此总是感动不已。

在工作上,这种人踏实认真,埋头为实现自己的梦想而努力。他们坚信"一分耕耘一分收获",因此他们也极端厌恶那种只知道夸夸其谈的人。

(3)古板型

两腿及两脚跟并拢靠在一起,十指相叉放于下腹部上。

这种人有些时候为人古板,从不愿接受别人的意见。他们又常常因工作压力大明显缺乏耐心,时常显得极度厌烦,甚至反感。

这种人凡事都想做得尽善尽美,但有些事却又是一些可望而不可即的事情。他们爱夸夸其谈,一旦遇到挫折就缺少求实的精神。

(4)羞怯型

两膝盖并在一起,小腿随着脚跟分开呈一个"八"字形,两手掌相对,放于两膝盖中间。

这种人大多会特别害羞,多说一两句话都会脸红,他们最害怕的就是出入公众社交场合。这类人感情非常细腻,但并不算太温柔。

这种人大比较保守,他们的观点一般不会有太大的变化。在工作中他们习惯于用过去成功的经验作依据。在会议上,他们是人云亦云,基本上没有成熟的观点。

不过他们对朋友的感情是相当真诚的,基本上总是有求必应。

他们的爱情观也受着传统思想的束缚,经常被家庭和社

第四章　姿态表情：举手投足破解心理密码

会的压力压得喘不过气来。

可惜的是，这种类型的人女性多于男性。

（5）坚毅型

大腿分开，两脚跟并拢，两手习惯放在肚脐部位。

这种人多为男人，因此，很有男子汉气概，有勇气、办事果断。他们一旦考虑了某件事情，就会立即付诸行动。

他们属于挑战类的人，敢于不断追求新生事物，也敢于承担社会责任。这类人的领导权威来源于他们的气魄，但他们并不是处理人际关系的"老手"。

（6）放荡型

两腿分开距离较宽，两手没有固定搁放处，这是一种开放的姿势。

有不少这种人喜欢追求新奇，偶尔成为引导都市消费潮流的"先驱"。他们对于普通人做的事不会满足，总是想做一些其他人不能做的事，或许不如说他们喜欢标新立异更为贴切。

这种人平常总是笑容可掬，最喜欢和人接触，他们的人缘颇佳。不过这类人的轻浮有时会给家庭和个人带来许多烦恼。

（7）冷漠型

右腿交叠在左腿上，两小腿靠拢，双手交叉放在腿上。

这种人一看就觉得非常和蔼可亲，很容易让人接近。但事实却恰好相反，他们不仅个性冷漠，而且有时候，甚至对亲人、对朋友也工于各种心计。

这种人做事总是三心二意，并且还经常向人宣传他们的"一心二用"理论。

（8）悠闲型

半躺而坐，双手抱于脑后。

这种人多半性格随和，与任何人都相处得来，也善于控制自己的情绪，因此能得到大家的信赖。

他们的适应能力很强，对生活也充满朝气，于任何职业好像都能得心应手，加之他们的毅力也都不弱，往往都能达到某种程度的成功。这种人喜欢学习但不求甚解。

这种人的另一个特点是天生个性热情，挥金如土。在日常交往中，既不防人，也不害人，而且有些大大咧咧，所以，很容易成为众人的朋友。

3. 众生坐姿

（1）坐下后，立刻交叉手臂的人

这种人往往有些傲慢自负而看不起别人，有些人甚至趋炎附势，对于上司阿谀逢迎，为人爱用自己的长处挑剔别人的短处。如是女性，虽然少见，却是能言善道，甚至于有说谎之倾向。

一般来说，交抱着双手，很能表现男性的自高自大，但是也暗示着拒绝、排斥和抗议等含义。

（2）坐定后，将一手放在另一手的臂弯曲处者

这种人多有些自视清高、孤芳自赏，不太容易从心里佩服别人，他们有时爱慕虚荣，注意衣饰打扮，还能注意检点自我言行，但不善理财。

（3）坐定后，将一手放在另一手的手腕上的人

这种人小心拘谨，内向矜持，是一种典型的女性化的坐姿。如是女性，则文静温顺；如是男性，则可能有洁癖而性格怯懦。

第四章 姿态表情：举手投足破解心理密码

（4）深坐靠椅背，神态萎靡疲顿者

这种人意志薄弱，没有财运，身体状态不佳，职业也不安定。

（5）坐定以后，不住抖动摇晃双腿的人

这可能是一种焦躁不安的潜意识动作，其实是一种思想不成熟，情绪不稳定的暗示。表示这种人阅历浅薄，缺乏人生目标及生活原则，孤独寂寞而容易受人影响利用。再有一种可能就是想"方便"一下，又不敢或不能离开，只能在那里"憋麻花"。

（6）双腿紧紧合并而坐的人

这是一种女性化的坐姿，如果椅子低于双膝的高度时，双腿则并拢而稍微倾斜，我们称为"模特儿坐姿"，能给人一种优美的好感。

（7）稍微分腿而坐，将手放在双膝上的人

这种人性格稳定沉着，循规蹈矩，奉公守法，凡事有规律有秩序，能在稳定、安定状态下成功发展而有所成就。

这是一种晚辈与长辈同坐的礼貌坐姿，如果平辈同坐也如此拘谨者，如非保守拘谨之人，那么就表示他做错了事或有求于你。

如是女性，大多出身寒微，教育程度较低但能力争上游之人，稍加调整，便可重用。

（8）坐时膝盖太张开的人

这种人性格往往自负任性、自私自利，不知体贴体恤别人。若是女性，甚至有男性化及争强好胜之倾向。

如果是男性，则属于粗犷而有性格，或是从小受教育不够。

如果只是忘记了场合或忽然疲倦地把双膝以外大大地伸直分开者,表示目前承受生活、心理、工作上的负荷,希望能够改变目前状况的人。

(9)坐时膝盖适当分开,把双手撑在膝盖内侧的男人

这种人精神专注,体力充沛,颇具攻击性,但平时则能抑制个人的言行,克制着放荡与暴露的欲望。可以说是幻想力丰富,极具占有欲望与侵略野心的男人典型坐姿,容易引起女性的厌恶。如果双手不是那种放法,而是挂着一把军刀,那活脱脱就是当年的"鬼子"。

(10)坐不安稳,时常变换座位的人

有这类坐姿的很多人缺乏理智信念,意志不坚,喜新好奇,特别容易为异性所诱惑。

(11)坐时夸张性的挺直,而使身体向后弯的人

这种人为人世故而圆滑,喜欢说大话与自我表现。因为这种姿势很难保持长久,只是故作姿态地装成重视你说话的样子,其实心中却不耐烦你的唠叨,没有把你的话听进耳中,甚至急切地想要结束谈话。

(12)侧坐或靠着扶手坐的人

这种人有一部分多心机,故意表现得亲近于你,而内心正提防着你。另一部分,则可能是什么都没想,什么都不在意,他可能只是欣赏你,而不在乎你说什么。

(13)坐时喜欢盘手交于前胸的人

这种人外柔内刚,小心谨慎,固执己见而不愿与别人争辩。另一种可能就是离他预期的目标相去甚远,坐在那里独自思索。不过他们中有些人脑子很慢。

第四章　姿态表情：举手投足破解心理密码

（14）坐时一手托肘，一手抚摸脸颊的人

这种人正遭遇事业或情感上的小问题，事事不能如意，却又充满着幻想性的希望。他找你讲话只是希望你给他建议，而他却早有成见不一定听从你的建议！

（15）坐下来就跷起二郎腿的人

这种人率直任性，为人开朗乐观或是不拘小节，因此从未注意改善这种不礼貌的动作。

①右脚盘置左脚上者，缺乏目标，运气蹇滞。

②左脚盘置右脚上者，个性积极，不断追求新奇的事物与目标。

③与人并坐，跷脚之脚底朝向并坐的人，把同坐当成弟妹或晚辈，自负任性。

④与人并坐，跷脚之脚底背向并坐的人，有排斥拒绝的潜意识，彼此讲话不方便而且难以沟通。

此外，像③④这种类型的人，从小接受的正规教育较少，礼仪教育更少，多属于"不太有教养"的人。

（16）坐着玩弄头发的人

这种类型的人常识丰富，为人性急，性喜浮夸吹牛，容易因好色而破财。若是女性，坐下后眼神还飘移不定，可基本断定她没有太高的学历，也不具备较深的城府。可能有一两门较精湛的技艺，但也有一张多事的"嘴"。

（17）坐下来，眼睛看着膝盖或脚趾的人

这种人大多出身贫苦，盲目自卑感重，往往自寻苦恼而多遭挫折失败。出身贫苦原本不是错，只要努力奋斗就会改观。问题就在于他们不是把贫穷作为改变的动力，而是逆来顺受地予以承认，既让人可怜，又招人怨。

（18）坐时盘弄手指的人

大多发生于商议事情，或在谈论有关男女亲事或感情的时候，表示心中有所不决或困惑。

（19）坐下来就立刻猛吸烟的人

这种人情绪不安，为人轻率易怒，希望借着吸烟来缓和稳定情绪上的烦躁。此时，他不知是受了什么气，或是被谁误解了，反正心里不服。如果你此时和他说话，千万以好言相劝，否则定招致"暴风骤雨"。

（20）在几张相并的椅子坐下来时喜坐在两张椅子之间的人，这种人随和而缺乏主观意识，不喜欢得罪别人，使人感觉缺乏个性。

（21）刚坐下来，两耳就红起来的女性

暗示她自己想到感情或男女关系而难为情，如果又见含情脉脉地低头，偶然才拿眼睛看你又移开视线，抚摸着椅子的扶手，或玩弄手绢等手上的事物，或不时摸弄头发者，更可以确定她对你产生了爱情，只是爱在心里口难开而已。

（22）坐定下来，不忘整理衣领及袖子等衣饰的人

这种人聪明有余，魅力不足，自负而有敏锐的观察力，有些神经质及刚愎自用，很爱体面及在意别人的批评，是个荣誉感强烈的人。

（23）坐时双手托腮的人

这种人既率直不虚伪，胸无城府，又非常容易相信别人，往往受人影响左右或利用。女性有此相，暗示温顺而依赖心重，往往为了家庭生活而要一生忙碌工作。

（24）坐下来打哈欠，或无意中抚摸眼皮的人

多数是对谈话内容已无兴趣，或者即便对于谈话内容有

第四章 姿态表情：举手投足破解心理密码

所感触，却往往联想到物质享受与生活改善，虽然对于谈话内容不是很赞同，但心中却有赞同或接受的倾向。

（25）坐着发慌，时常转头打量周围的人

这种人意志薄弱，心情不沉稳，做错了事会找来一大堆理由搪过的人，难担当责任。

（26）喜欢利用坐着的时间来闭目养神的人

这种人主观意识强烈，独立性强，是非分明，喜欢亲自处理事务。同时，这种类型的人从心里就不太相信别人。如果想和他们交往，就必须让他们十分佩服你，否则很难找到共同的话题。

（27）坐定时，看着天花板的人

这种人正遭遇着心余力绌的烦恼，虽然想要付之于实行，但是局限于事实与客观条件有所困难，正为不能解决困难而烦恼。

（28）靠着椅背坐着，将双手枕在头后的人

这种人自私任性，并且具有强烈的支配欲，大多见于经理级以上的企业主管身上。

（29）在火车、餐厅、电影院或参加宴会等场所，喜欢悄悄坐在角落里的人

大多数的这种人都有些性格孤僻，缺乏自信，非常在乎别人的眼光及批评，往往有些郁郁寡欢，甚至有些神经质或有精神闭锁症。但是也有些人，属于那种防范心理较强，不喜张扬的那种类型。总之他们从小就属于上课都怕被老师提问的那种人。

从卧姿看心理

假使人一天必须睡眠八个小时,那么一生就有三分之一的时间是在睡梦之中。更假定人的寿命平均为七十五岁,那么人生就有二十五年的宝贵光阴在睡眠中度过。

我们知道睡眠是一种心身休息,以便恢复精神和体力。科学家除了研究"梦的解析"等人类睡眠时候的精神意识状态以外,并且也对睡眠的姿态做了非正式性的研究。

现在我们探讨睡相,只是一种习惯性的概念研究。因为一个人的一次睡眠之中,往往会变化几种姿势,所以只取决于某一观察时候的睡相,往往有小误大差之病。何况自己只能凭个人习惯直觉判断,很难要求配偶或别人做长期性的观察记录。再有,睡相和身体健康状况息息相关,健康状况和性格有关,但并非有密切的关系,且规律也并不十分明显。

现在特别杂辑睡相判断,以为参考。

1. 身体经常睡成大字形的人

这种人多是心纯无杂,为人乐观,情感丰富。当然,其身体健康状况相当好,几乎躺下就着。

这种人大多很聪明,喜欢新奇事物,好管闲事而且有同情心。这种人的身体一般非常健康,气血及肠胃都特别好,所以现阶段难得生病。还有一点,就是这种睡相多为青少年,偶尔也见中年人,但老年人极少见。因为,人的身体一旦走下坡路,想睡成大字都难。

第四章　姿态表情：举手投足破解心理密码

2. 仰卧而弯曲着双腿睡觉的人

像这种弯曲膝盖竖双腿睡觉的方法，非常容易恢复腿部的疲劳，因此有些专家说这是一种体力充沛、喜欢健行旅游的人所特有的睡相，大多有生活不安定而粗心大意的倾向。

另外，这种睡相最常见于夏天午睡的时候，因此又有专家认为，这种人具备双重性格，生性拘谨小心，不论干什么事都会小心翼翼，尽职负责，脚踏实地地去完成。但是对于个人事务，往往虎头蛇尾而不了了之。

这种人从外表来看，是个循规蹈矩的人，但一涉及男女关系时，言行则表现得出乎意外的开放大胆。有时，这种人往往表里不一，既有循规蹈矩的优点，又有率性放任的缺点。

凡是这种睡相的人，大多主观意识强烈，而且有很强的工作办事能力。

3. 身体仰卧，其中一条腿弓起来，而另一条腿伸直睡觉的人

这种人有些情绪不稳定，喜怒无常，爱慕虚荣，喜新厌旧，不拘小节，甚至有些浪漫随便。

据说弓起右腿者，表示左半身比较疲倦，也就是心脏比较衰弱；如果弓起左腿者，表示右半身比较疲倦，也就是胃肠比较衰弱。

4. 身体侧卧而睡觉呈弓字形的人

这种人的性格易变易怒，脾气变化很快而激烈，高兴的时候很高兴，一不高兴就突然变成另外一个人似的。

这种人大多心地善良，聪明而思考能力特强，喜欢稳定而规律的生活，并且有些神经敏感，凡事追求完美，所以也是个容易翻脸无情的人。

5. 身体侧卧，双腿并拢在一起，下巴紧靠枕头，或枕靠手腕睡觉的人

这种人性格积极，只要下定决心，不论遭遇到什么样的阻碍反对，绝不会改变自己的主见。而且一旦做起事来，总是精神十足，全心投入。

这种人尊重道德、风俗和法律，倾向于合理主义与保守，大多心身健旺，具有适应力及耐性。

6. 侧卧而弯曲一条腿睡觉的人

这种人连自己也弄不清楚到底想什么，也无法确定需要什么，好像欲求无穷。第一个愿望还没实现，又已有第二个愿望、第三个愿望接踵而来，总觉得不能满足自己的要求。

这种人自负傲慢，缺乏恒心耐性，看什么事都觉得不顺眼，动不动就闹情绪发脾气，可以说是个好胜心强而爱慕虚荣的人。

7. 其他睡相

（1）仰睡的人

这种人自我主张很强，比较缺乏耐性。

（2）俯睡的人

这种人顽固固执，工作能干。

（3）手脚缩成一团而侧睡的人

这种人精力不佳，胃肠比较衰弱，大多处于贫穷劳碌之状况中。

（4）睡时常常翻身的人

这种人机敏而性急。一说此为流浪之睡相，一生常迁移住所；二说心事重重，睡不安枕。

（5）睡觉中一直往右侧身而睡的人

第四章 姿态表情：举手投足破解心理密码

胃肠比较衰弱，如果他翻向左侧，会常做重梦，睡得不舒服自然翻向右侧。

（6）睡觉之中常向左翻身的人

这类人的肝脏比较衰弱，多见于肝病重症患者。

（7）仰睡时，双腿并拢伸直，一脚叠放于另一脚上的人

左脚放在右脚上者，意志力薄弱，缺乏目标，遇事优柔寡断而运气塞滞，或许有胃肠衰弱或脚气等疾病。

右脚放在左脚上者，个性积极，不断追求新奇的事物与目标，是个自信而自负的人。也有可能是患有心脏衰弱或呼吸器官疾病。

（8）眼皮稍张开而睡的人

这种人有神经质或神经衰弱之倾向，目前有所牵挂，与人的交往不顺利。多见于学习压力过大或心思太多的青年人。

（9）睡觉说梦话的人

这种人有些个性孤独不太愿意求助他人，且工作、学习压力较大正处于心神不安定的状况。

（10）仰睡时，身体挺直的人

这种人奋斗进取，身体力行、爱好自由，讨厌被限制束缚，是个发展开创性强的人。

（11）睡觉时，身体掉下枕头而往下溜的人

这种人性格怯懦，为人消极，凡事悲观，心情烦躁。

（12）以双手为枕而睡的人

这种人感情丰富，念旧而时常回忆过去。

（13）睡觉打鼾的人

这种人为人随和客气，胸有成竹，但是无法真诚接受他

人意见。

一说太过疲劳时，睡觉容易打鼾。

二说身体过于肥胖，呼吸器官比较衰弱者，睡觉容易打鼾，如果于入睡前，以冷水漱口者可以避免。不过，如果鼾声如雷，多为身体有病之征兆，而这种病是医生不愿治，也不容易治好，病人也没什么感觉的一种病。

（14）睡眠时咬牙的人

这种人具神经质，有收集物品的嗜好。虽然好逸恶劳，但是对于其所热衷的事物，却又废寝忘食，不达目的不罢休。再就是有可能有肠道寄生虫病，应上医院检查。

（15）张着口睡觉的人

这种人思想浪漫，意志力薄弱，凡事缺乏耐性。还有就是那些鼻子有炎症的人，鼻子不通，只能张口呼吸。若是鼾声如雷，多为喉部肌肉松弛或肥胖者。

（16）睡觉安详，呼吸均匀而不外扰的人

这种人心身健康，心无牵挂，自助自爱，是个幸福而有福的人。

（17）双手放在胸上仰睡的人

这种人心地善良，虽不自私，但以喜憎待人，往往无心得罪人，却易招噩梦。

（18）双手握拳睡觉的人

这种人很有忍耐力，而且是坚守主张的人。

（19）睡觉时，手脚常动的人

要么是这种人寂寞而劳苦，要么是这种人缺乏营养，比如缺钙。

第四章　姿态表情：举手投足破解心理密码

从行姿看心理

前一阵，朋友徐涵约我出去喝下午茶。我俩一边喝茶，一边聊天。聊着聊着，徐涵突然神秘兮兮地对我说："你知道吗？原来一个人的脚也会说话。"

我瞪大眼睛，半开玩笑地说道："你的意思是，你的脚长了一张嘴？"

"去你的，你的脚才长了嘴呢！我跟你说正经的，你别在我面前耍贫嘴了。"被我这么一逗，生性腼腆的她，一张脸红得跟天边的晚霞一样。

我连忙安抚道："好好好，我不逗你啦，你快跟我说说你那句话背后的故事吧！"

徐涵双手托腮，顿时陷入了回忆。"上个周末，我老公出差了，我一个人在家闲着无聊，所以回了一趟娘家，顺便蹭一顿美味的晚餐。我刚走到家门口，就听见我妈妈的大嗓门：'老头子，赶紧去开门，你家宝贝女儿回来了！'我爸爸赶紧屁颠屁颠跑过来给我开门。"

"你妈妈真神，她怎么知道你回来了？"我好奇地问道。

徐涵仔细解释道："我一进家门，就问我妈怎么知道我回来了，因为那天我并没有提前给他们打电话说我会回家。哪知，我妈轻描淡写地回了一句：'这有什么稀奇的，我从你的脚步声中听出来的啊！'"

我惊呼道："原来这就是你说的'一个人的脚也会说话'哦，你妈妈实在太关心你了，不然她不会对你的脚步声那么熟悉。"

"是啊，我妈妈说的那句话彻底把我感动坏了，我现在才知道，一个人的脚真的能说话。"徐涵说到这儿的时候，眼泪都已经在眼眶里打转了。

朋友徐涵的话让我思绪缥缈，我突然觉得，所谓的"脚语"，其实包括一个人的走姿所流露出来的内心独白。然而，徐涵的妈妈之所以能听出徐涵的脚步声，并不是因为徐涵的脚步声里夹杂着情绪，纯粹是因为她妈妈过于熟悉她的脚步声。

在我看来，一个人的脚会说话，并非体现在其脚步声能被人听出，而是我们可以从一个人的坐立行走中，读出对方的情绪状态和基本性格。

英国的心理学家莫里斯经过研究发现了一个有趣的现象：人体中越是远离大脑的部位，所流露出的信息，其可信度往往越高。换句话说，离大脑中枢越近的地方，大脑的有意识控制越明显，其伪装性就越强，表现出来的信息就越不可靠。

举个例子，脸是距离大脑中枢最近的一个部分，所以它的可信度最低。其中蕴含的道理其实很简单，当我们在和别人打交道时，彼此总是将注意力集中在各自的脸上，同时我们也深知对方正专注于我们的面部表情，因此，为了控制和掩饰自己内心的情感，我们自然会在面部表情上"作假"。而我们的脚远离大脑，很多人都会习惯性地忽略脚的变化，所以一个人的走姿暴露出来的心理信息就更加可信了。

在职场打拼多年，我曾见过许多形形色色的人，善于观

第四章　姿态表情：举手投足破解心理密码

察的我，在和人交往的时候，往往会对一个人的走姿多留意几分。不知道大家有没有注意过，当一个人的心情不同时，其走路的姿势也会有所不同。比如，一个人开心的时候，走姿会格外欢快轻盈；不快乐的时候，走姿会特别拖沓沉重。由此可见，观察一个人的走姿，将十分有利于我们了解一个人当下的情绪状态和精神面貌。

1. 行姿识人

大凡人的行为皆受心理情绪的影响而体现于行走姿势上。譬如一个失业或事业不顺的人，走路时大多会无意识地靠着路边走路，而且显得垂头丧气；而如果很有精神地靠着路边走路的人，我们可以判断他是个奉公守法而诚信可靠的人。

又如拖着脚走路的人，有可能是浪漫随便、意志不坚的人；如果其精神显得疲惫困顿者，则是疲劳或生病的现象。

因此观察人类身体行为的原则，必须要能分辨其行为是属于情绪因素的暂时现象，还是由于个人秉性所产生的潜意识的习惯性行为。譬如走路时上身摇摆较大，或头偏歪一侧的人，个性轻浮，骄傲任性。但有时在急着上楼梯或赶路的时候，往往会发生明显的上身摇摆动作；而走着想心事的时候，往往会偏歪着头走路。

又如鞋底的磨损状况，如果后侧磨损，可知其平时拖着脚走路，是个懒散的人；如果前端磨损，则知其平时足踵用力较少，为人性急轻率；如果内侧磨损，则知其有内八字走路习惯，其人有可能是"X"形罗圈腿；如果外侧磨损，则知其有外八字走路习惯，其人可能是"O"形罗圈腿……

总之，人类行为往往受到社会道德及风俗习惯所影响，譬如晚辈与长辈同行，宜落后半肩或随侍于后；男女同行，则男外女内；大多违反习俗礼仪者，其人必有任性好胜的个性。

（1）走路上半身在前头的人

这种人正义感很强，好管闲事，但是也有浮夸虚张的缺陷。

（2）走路跨大步，或上下楼梯二三级并一步的人

这种人个性急躁而缺乏耐性。很多中小企业老板，或其他事业小有成就的人多为此相。可能此种性格使他们比别人容易赚到钱。

（3）走路脚步轻松，以正直的姿势行走者

这种人心胸坦荡，可以信赖，若是能奋斗进取且不懈追求，必见前途光明。

（4）行走正直，抬头平视，步履轻快者

心地诚实，主观强烈，做事专心，认真极具才能，前途不可限量。

（5）走路呈外八字形的人

性格开放，自尊心强，具有干劲及攻击力。不过，旧社会缠足的小脚老太太多是外八字形。

（6）走路呈内八字形的人

性格内向，耐性特强，为人小心拘谨。另外，就是可能儿时缺钙，造成腿有残疾但又不明显，腿脚有些跛的人。

（7）走路时，挺胸凸腹，上身慢于脚步的人

性格嚣张跋扈，自负骄傲，自以为高人一等。多见于那些半大不小的"土皇帝"，手中有那么一点权力，却不出什么政绩，经常发点脾气，让人非常瞧不起的那么一类人。

第四章　姿态表情：举手投足破解心理密码

（8）走路时，时常回头旁观后看的人

疑心病重，如果不是神经过敏，患有被伤害恐惧症者，抑或是作奸犯科之人，心中不安而疑惧。

（9）小步行走的人

缺乏主张，为人小气，胸无大志，是一个难与之共图大事之人。

（10）走路稳重缓慢的人

具耐性及适应力，能吃苦耐劳，忍辱负重，能积极致富，但耳软而心慈，可能受别人利用而受损失。

（11）走路一颠三摇摆，吊儿郎当的人

自私任性，睚眦必报，记恨心强，诡计多端。

（12）摇头晃脑走路的人

是憧憬幻想之人，缺乏自信及面对现实的勇气，不免自怨自艾。

（13）走路急快，好像脚跟未着地之人

心慈性急，喜怒不定，不分本末轻重，但以喜憎对待别人，为劳碌薄福之人。

（14）肩膀斜晃走路的人

个性骄傲任性之人，多见于地痞无赖之人。

（15）走路自言自语，或走几步跳一步的人

个性内向，喜欢幻想，大多孤独寂寞。

前者神情不属，后者自我陶醉。

（16）人行如醉，东倒西歪

倔强任性，叛逆反抗性强，个性自我，自私自利。

2．优雅行姿

走路的姿势是一个人从小到大逐渐养成的，它反映了一个

人的性格和修养。从一个人的走姿可以了解他的内心世界，包括那些快乐或悲痛，野心勃勃或懒惰，以及是否受人欢迎。

观察一个人怎么走路，你肯定会有所收获，你会觉得生活真是妙趣横生！但是，别忘记，当你观察别人时，别人也在观察你，你的不正确走姿使你看起来无精打采，没有自信心，也没有风度。

女士应抬头，挺起胸部，收紧腹部，肩膀往后，手要自然地放在两边，轻轻地摆动，步伐也要轻，不能拖泥带水。如果你走姿正确的话，那你身体的线条会漂亮得多，走起路来就有自信心。女士在转弯以后，两脚依然要保持"丁"字形。

男士的步伐不要太轻，不要有女士专用的"丁"字形，而要抬头挺胸，有自信。

从步态看心理

当一个人因感情激动出现身体反应时，脚的摇摆是比较少的，多半表现为脚掌发出的声音和抖动的动作。当然还可以发出某些节奏。

我们在这里用几个不同的步态，从不同的角度来观察人的个性和习惯。

1. 踱方步

这是个四平八稳类型的人，喜欢保持冷静。这种人在别人面前，以有理性和自控能力而受到别人的尊重。他（她）平时做事非常小心，言谈举止都尽量保持温文尔雅。

在人际交往方面，这类人始终坚持点到为止，避免自己陷得太深而不能自拔。这类人最相信的一句话是：君子之交淡

第四章 姿态表情：举手投足破解心理密码

如水。

实际上，对老年人来说踱方步是很自然的事情，他们不可能大踏步地走，如果身体虚弱一些，那就只能说是"蹭着走"。

2. 大踏步式

这类人为人豪爽，无拘无束，处理事务极富弹性。

此类人在做事时，往往起着领头羊的作用，能想到什么就马上去做。

这种人为自己拥有这样的个性而骄傲，他们所赢得的尊重是来自与生俱来的性格，所以他们从不模仿别人，在不违背大原则的情况下，他们相当能自由发挥。

所以，在实际生活中，他们很容易被别人奉为领袖人物。有他们的存在，可使得沉闷的局面变得活跃。

同时，他们又容易招致一些人的忌恨，但他们总是能以豁达的态度，使之悄然化解。

3. 碎步式

如果一个男性用这种方式行走，那么就会被认定为带有女性化。注意，这是指可以迈开大步走，却不那样走的中青年健康男人。若是病人或其他原因，则不算在内。

从手势看心理

看过这么一个有趣的小故事。

从前，有一位国王对手势情有独钟，不管和谁说话，他都喜欢用手势表达。有一天，侍者对国王说："尊敬的国王陛下，听说城里最近来了一位擅长打手势的农夫，您想不想和他见一面呢？"国王闻言，兴致一下子来了，他非常想和农夫比试一下谁的手势打得更好，于是，他忙让侍者带农夫进宫。

两人一见面，国王就先声夺人，伸出一根手指，农夫见了，不慌不忙地伸出两根手指。国王若有所思地点点头，紧接着伸出三根手指；农夫瞪大双眼，立马握紧拳头，朝国王所在的方向挥舞了一下；国王随后拿起一个水果，农夫连忙从口袋里掏出一把面包屑。

两人的手势交流到此为止，国王感到特别开心，他转过头来吩咐侍者拿金币重赏农夫。

农夫离开王宫后，侍者好奇地问国王为何要赏给农夫这么多金币，国王笑着说道："我伸出一根手指，说'我是世界上独一无二的王者'。他伸出两根手指，告诫我说'你还有一位陪你共历患难的王后'。我伸出三根手指头，说'我还有三个英勇的儿子'。农夫挥舞拳头，说'一家人团结一致，一定能战无不胜'。我拿起一个水果，说'我的恩泽滋润一草一木'。他送我面包，说'你让百姓远离饥饿'。唉，他确实是一个聪明人！"

农夫抱着金币回到家后，妻子不解地问道："你跟国王都说了些什么，他怎么给你那么多金币呢？"农夫回答说："他伸出一根手指，嘲笑我只有一条腿。我伸出两根手指，表示我有两只手，一样能工作。他伸出三根手指，说我四肢不全，缺少一条腿。我挥舞拳头，是在警告他，不要再嘲笑我，否则我会把他揍得满地打滚。他拿起一个水果，向我道歉。我出于礼尚往来，只好掏出一把面包屑回赠他。唉，他真是一个蠢蛋啊，向我道歉哪用得着那么多金币啊？"

第四章 姿态表情：举手投足破解心理密码

这是一个有关手势的小故事，它从侧面证明一个道理，那就是在人与人之间的交流中，读懂他人的手势，有助于我们准确把握一个人所要传达出来的真实心声。故事中的国王和农夫，彼此明显都没有读懂对方的手势，所以才鸡同鸭讲，闹出了这么大一个笑话。

我们都知道，在日常生活中，每一个人都需要用手去完成许多动作，比如推、拉、撕、扯、拽等，由此可见手对于我们是多么重要。这也就不难理解，在和人打交道的时候，人们会将很多真实的情感倾注在自己的手势上了。

心理学家曾有研究称，一个人的小动作越多，他的心理就越容易被看穿，打个比方，一个人紧张的时候，会控制不住用手去挠自己的后脑勺。如果我们能细心观察到对方这个小手势，那就能在彼此的交流中处于有利地位。

何菊和李琪琪是同一家公司的"两朵金花"，正所谓，一山难容二虎，两个人就经常因为一些小事情闹得不可开交。同时，又因为彼此的学历、年龄、容貌和家世相当，所以两个人确有矛盾的时候，谁也不肯先后退一步。

有一天，全体员工在会议室开会，公司老板提出了一项建议，大伙儿纷纷表示支持，唯独何菊默不作声。这时，眼尖的李琪琪发现，何菊的双臂正交叉抱于胸前，这明显是在否定老板的建议，于是，她笑着对老板说："老板，你提的这个建议实在太好了，我们大家都举双手赞成，可好像有一个人不太高兴呢！"

说完，李琪琪状似漫不经心地瞥了何菊一眼，大家都随着她的视线看了过去，最后目光都落在了何菊的身上。当下，老板就黑了一张脸，随即一言不发地结束了会议。

没过多久，老板就把何菊叫进了办公室，狠狠地批评了她一顿，责怪她在会议上摆脸色给他看。听了老板的教训，何菊不知所措地站在一边，完全慌了手脚。

事后，老板还特别表扬了李琪琪，并要求何菊好好向李琪琪学习。

试问，如果李琪琪没有读懂何菊的手势，她能在"两朵金花"的竞争中脱颖而出吗？职场竞争本来就非常激烈，一不留神，我们就会被其他人踩在脚下，因此，能够读懂他人手势的人，往往能抢先一步洞察对方的心理，从而在职场竞争中拔得头筹。

手势的种类繁多，我们不妨了解一些常见的手势，这样在平时的工作中才能有备无患。

手有如传递"手语"一般，具有一种传递信息的功能，也可以说，在交流方面是负有重任的器官。不过，以传达身体语言的一双手来说，一般它们被认为是有意识表现的辅助动作。

这种有意识的辅助动作通常可分成两大类。一类是不包括跟对方的接触，另一类则是把重点放置于接触方面。

以前者来说，张开的手表示向对方解除了武装，而握紧的拳头则表示欲展开攻击，或者表示自己内心的紧张。

握手的动作，虽然也跟对方接触，然而基本上来说，由于手中并没有拿着武器，因此，可以解释为信赖感的表现。

有时候咬指甲或咬手指的行为，多被认为表示不安、紧张，也是接触欲不能获得满足，而当作一种补偿行为的自我

第四章　姿态表情：举手投足破解心理密码

抚摸。

另外，交叉手臂表示防卫的姿势。俗话说"手腕好""交际手腕"一直被认为是能力象征的表现。不过，依据身体语言的理论则不一定是如此。就好像交叉手所表现的动作一样，实际上具有种种不同的意义。

交叉手臂的第一个意义，乃是表示不愿他人侵犯身体。在车祸的现场等，差不多双方都是以交叉手臂的姿势对峙着。我们可以把它解释为不肯容让的强硬的表示。

有一种跟此种交叉手臂大同小异的姿势，虽然同样是交叉手臂，但却是不包含对方的意味，诸如这种的交叉法，时常会出现在倾听演讲的人群中或者沉思的时候。通常这种交叉手臂法，被认为是不愿暴露感情或者想法，也就是一种针对自己内部的防卫心理。

还有一种是女性在等待情人时的交叉手臂，这就被解释为一种防御信号，无非在告诉别的男人："我已名花有主了，你别动我的脑筋！"

打手势是人们的一种固有的本能。早在两千年前，西塞罗（古罗马政治家）就曾指出：

"一切心理活动都伴有指手画脚等动作。手势恰如人体的一种语言。这种语言甚至连最野蛮的人都能理解。"

在澳大利亚土著部落中，遗孀在埋葬其丈夫时，青少年在成年命名期间，妇女在送丈夫出征、狩猎之际，一概不许说话，交换意见只能靠手势。一些旅游者说，他们在澳大利亚土著部落里常常看到妇女们一声不响地能交谈好长一段时间，而且"谈"得津津有味。住在意大利西西里岛上的居民的手势语更是花样繁多，追根溯源，事出有因：叙拉古城邦暴君季奥尼西曾下令禁止在公共场合谈话和辩论，否则就会被处以酷刑。当地居民为免遭杀身之祸，创造出一种"哑语"，用不停比画的手势来表达思想。

实际上，手势动作完全可以代替一句话、一个字或表示一个完整的概念。聋哑人使用的手语所表示的意思，几乎和正常人差不多。体育运动中的各种手势，消防队员和潜水员使用的职业手势，更是一种特殊的语言。在舞蹈动作中，手势也是最基本的语汇。

在社会交往中，手势语更能起到直接沟通的作用。

比如，对方向你伸出手，你迎上去握住它，这是表示友好与交往的诚意；而你若无动于衷地不伸出手或懒懒地稍稍握一下对方的手，则意味着你不想与他交朋友。在交谈中，你向对方伸出拇指表示夸奖，而若伸出小指则是贬低对方。这些都是交往双方不言自明的，除非你想表达某种意思，否则不可随意滥用手势语以免错用而产生误会。而人们常常因在人际交往中，不由自主地表现出一些不适当的手势动作，结果影响了友好的沟通。

具体来说，手势语有两大作用：一是能表示形势；二是能表达感情。

两千多年前马其顿国王亚历山大在远征途中，因为断水，全军面临崩溃的危急形势。国王在战马上做鼓动演说："勇敢的将士们，我们只要前进，就一定会找到水的。"

只见他右臂向正上方高高举起，张开五指，而后迅速有力地挥下，使人有无可置疑之感。讲到"将士们，勇敢前进吧！"他右手平肩往后收回，然后迅速有力地将五指分开的手掌猛地推向前方，给人一种锐不可当、所向无敌的坚定

第四章　姿态表情：举手投足破解心理密码

气势。

可见，恰当的手势不仅有助于表达情感，而且有很大的包容量，往往"无声胜有声"。

手势语有多种复杂的含义，常见的可分为四类：

第一，表达讲话者的情感，其形象化、具体化的手势叫"情意手势"；

第二，表示抽象的意念的手势叫"象征手势"；

第三，摹形状物，给人一种具体、形象感觉的手势叫"形象手势"或"图尔式手势"；

第四，指示具体对象的手势称为"指示手势"。

常见的手势有上举、下压和平移等几类，各类手势中又分双手、单手两种方式。每种又可以做拳式、掌式和屈肘翻腕式等。

手向上、向前、向内往往表示希望、成功和肯定等积极意义的内容。

手向下、向后、向外，往往表达批判、蔑视和否定等消极意义的内容。如空中劈拳表示"坚决果断"，手指微摇表示"蔑视"或"无所谓"，双手摊开表示"无可奈何"等，右手紧握拳头从上劈下表达愤慨、决心。

人们一般认为，敞开手掌象征着坦率、真挚和诚恳。判别一个人是否诚实，有效的途径之一就是观察他讲话时手掌的活动。小孩子撒谎时，常常将手掌藏在背后；成人撒谎时，往往将双手插在兜内或是双臂交叉，不露手掌。

在西方国家，证人在法庭上宣誓证词是真实的时候，通常是右手半举、掌心向着法庭。而双方交战，战败一方投降时，是举双手，掌心向前，常见的掌语有两种：掌心向上和掌心向下。前者表示诚实、谦逊和屈从，不带任何威胁性；后者则是压制、指示的表示，带有强制性，容易使人们产生抵触情绪。

大拇指显示是一种积极的动作语言，用来表示当事者的"超人能力"。此外，双手插在上衣或裤子口袋里，伸出两个拇指，是显示"高傲"态度的手势；还有人习惯将双臂交叉于胸前，双拇指翘上，这样既显示防卫和敌对情绪（双臂交叉），又显示十足的优越感（双拇指上翘），这种人极难接近；若在谈话中将拇指指向他人，立即成为嘲弄和藐视的信号；而拇指与食指相夹并搓动，则是一种"谈钱"的手势。注意，有身份的人用此则有失"大雅"。

背手是一种至高无上、自信或狂妄态度的手势语。有地位的人都有背手的习惯，显然，这是一种表示至高无上、自信甚至狂妄态度的动作语言。此外，背手还可以起到"镇定"作用，双手背在身后，表现出自己的"胆略"。学生背书，双手往后一背，确能缓和紧张情绪。但要注意，上述背手，指手握手的背手。若双手背在身后，不是手握手，而是一手握另一手的腕、肘、臂，则成为一种表示沮丧不安并竭力自行控制的动作语言，暗示了当事者心绪不宁的被动状态。而且，握的部位越高，沮丧的程度也越高。

搓手掌往往是人们用来表示对某一事情结局的一种急切期待心理，正如成语"摩拳擦掌"所形容的跃跃欲试的心态。运动员起跑前搓搓手掌，期待胜利；国外餐馆服务员在你桌前搓搓手掌，问："先生，还要点什么？"实际上是对小费的期待，对赞赏的期待。而我们面对一件将交由你自己动手、动嘴甚至动用其他身体部位的事情，而且自己认为是

第四章　姿态表情：举手投足破解心理密码

一件不可多得的事时，我们都会搓搓双手，以示郑重开始享受。

双手搂头也就是双手交叉，十指合十，搂在脑后，这是那种有权威、占优势或对某事抱有信心的人经常使用的一种典型高傲动作。这种动作也是一种暗示所有权的手势。如若双手（或单手）支撑着脑袋或是双手握拳支撑在太阳穴部位，双眼凝视，这是脑力劳动者惯有的一种有助于思考的手势。

亮出腕部。通常男性挽袖亮出腕部，是一种力量的夸张，显示积极的自信态度。尤其是交战中的中低层军官，他们挽袖亮腕是最典型的不服气，非要拼个你死我活的意思。"耍手腕……铁腕人物"等词语印证了腕部的力量。女性的腕部肌肤光滑，女性露腕亮肘，具有吸引异性的意图。

在谈话过程中时常将十指交叉，放在胸前或放在桌子上、膝盖上，这种手势的高度同一个人的沮丧心情及敌对情绪的强度密切相关，即放得越高沮丧心理和敌对情绪越强。

手势语不是一个人靠闭门造车"设计"出来的，而是在个人情感的支配下，随着特定的情境、对象和氛围，自然而然地"喷射"出来的。手势语没有固定的模式，没有规定的角度，也无须"导演"的引发，它像体操动作一样，绝不会是用一个模子套出来的。因此，"阅读"一个人的"手势语"，就需要多加揣摩，观察与之同时发生的其他姿势、表情等，这样才有可能得到正确的判断。例如：

1. 召唤

在美国，要引起别人注意，如召唤一名侍者，最普通的手势是举手，并竖起食指到头部的高度，或者再高一些。

另一种召唤或引起注意的手势是举手,手掌摊开,频频挥手以引起注意。人们也可以用食指频频向内屈伸以示"过来"。

2. 挥手告别

欧美人挥手告别,一般举手,手掌向外,腕部不动,把手和前臂一起频频左右摆动。

如果你去一个国家,你一定要了解这个国家特定的手势符号所代表的意思。

3. "OK"的姿势

环形指圈表示字母"O",表示同意、赞同的意思。

4. "V"字形手势

即竖起食指与中指。英国首相丘吉尔最喜欢用的手势就是"V"。

从第二次世界大战胜利开始,到以后长时期的和平运动,这个手势像字母"V",是 victory 的第一个字母,表示"胜利"或"和平"。

5. 竖起大拇指

飞行员在世界各地都这么做,宇航员甚至在地球外也这么做,竖起大拇指几乎已成为全世界公认的表示"一切顺利"或者"好""干得出色"等类似的信息。但是,在美国和欧洲一些地区,在公路上走,若你走在路边竖起大拇指,并摇动这手势,通常用来表示搭便车。

6. 有侮辱含义的手势语

中指单独朝上伸出的下流手势,这在全球都是臭名昭著的。

另外,喜欢把手放在背后的人,通常都有着很强的自信

第四章 姿态表情：举手投足破解心理密码

心，随时都准备着向目标发起攻势，此类人的性格偏成熟老练，同时还有着比较强的戒备心。

如果一个人在交谈中，总是用手捂着嘴巴和鼻子，这说明他并不认同说话者的观点，这种人一般城府颇深，常常保留自己的真实想法，让人感觉有些琢磨不透。

另外，喜欢托腮或是抚摸下巴的人，一般都有些神经质，凡事喜欢胡思乱想，遇事爱较真，性格也比较内向，不善于表达自己的情感。

总之，作为言语心声表达的强化辅助器，手势有着非同寻常的力量，明白了这一点，我们以后在工作中就要对其格外留意。

第五章
语言表情：意在言内，更在言外

英国思想家扬格曾经说过："语言，思想的渠道。语言，思想的标准！从思想之矿开采出来的也许是金，也许是渣，但如果用语言将它表达出来，我们便能知道它的真正价值。"

掌握了微表情心理学，能让你通过一个人讲话时的语态、音量、声调，以及谈话内容等方面，判断他的真实心理，了解他的意图，在人际交往中抢占先机！

读懂语言才能明白心声

《圣经》中对于说话有这样一句描述:"舌头就是火,在我们百体中,舌头是个罪恶的世界,能污秽全身,也能把生命的轮子点起来。"这是从宗教意义上来理解说话的。

而在我们现实生活当中,话语同样是一把双刃剑,说得好可以令人如沐春风,说不好则可能让人心生厌恶。为什么会这样?因为说话能够反映出一个人的某些性情,古人也有过一句经典的概述:"言由心生",一个人说话的方式和内容可以反映出他的性情,所以假如我们想读懂一个人,那么不妨从他的"舌头"入手。

言谈中我们能把握的东西有说话者的语速、说话时的肢体动作、说话内容等。人们可以通过捕捉这些因素,摸透人心,悟出其言外之意。

首先,我们先谈谈讲话时语速所反映的一些情况。

按照我们正常的理解,一个说话速度很快的人也一定是一个能言善辩的人;相反,如果一个人说话结结巴巴,我们会觉得他在反应上比较迟钝,人也比较木讷。一般来说,在正常情况下,一个人说话语速很快,那么说明他是一个自信、并且有较强表达欲望的人。而一个人假如在正常情况下说话一直很慢,那么说明他是一个谨慎、镇定的人。当然,这里所说的是正常情况,除了这些正常的情况外,我们还应当注意的是说话者的一些反常现象。

比如说,心理学家就曾指出:"当一个男人在外面做了对

第五章　语言表情：意在言内，更在言外

不起女人的事，回家之后他会滔滔不绝地与妻子讲话。"这是一种反常现象，从心理学的角度看，这种情形是因为当一个人的心中有不安或恐惧情绪时，言谈速度便会变快。凭借快速讲述不必要的多余事，试图排解隐藏于内心深处的不安与恐惧。但是，由于没有充分的时间冷静地反省自己，因此，所谈话题内容空洞。遇到敏感的人，便不难窥知其心里的不安状态。所以，假如一个女人的丈夫平时说话惜字如金，某一天从外面回来之后就开始讲东讲西，滔滔不绝，那么就应该要留意一下了。

另外，如果一个人平时说话很流利，但是在一次讲话时却显得吞吞吐吐，犹豫不决，那么就说明他可能是因为紧张，这种紧张很有可能是由于犯错或者恐惧引起的。

其次，我们可以从一个人说话时的肢体动作来读懂他的真实想法。

如果一个人在讲话时指手画脚，手舞足蹈，那么说明这个人很可能有些强势，有时甚至是蛮不讲理。一般当长辈对晚辈、上级对下级讲话时都会出现这种情况。

假如一个人在讲话时没有任何的肢体动作，就说明这个人对这段谈话感到很拘束，有一些紧张，这很有可能是因为他不熟悉眼前的谈话对象；从另一方面来讲，他可能不是一个那么擅长交谈或者交际的人。

还有一种肢体动作是需要注意的，我们平时与人交流时会发现有这样一种人，他们在与人交谈时时常左顾右盼，或者眼神飘忽，这时候我们就要注意了，因为一个人一般是在没有完全投入一段对话时才会出现上述的身体反应。

最后，我们要重点论述一番语言内容对于一个人性格的

折射。

　　这里所说的内容并不是两个人谈话时的具体内容，而是指一个人的一些习惯性话语，简单来说，就是口头禅。

　　现代心理学研究发现，口头禅看似只是一句短语，但实际上它跟一个人的性格、生活经历或者是精神状态有密切的关系，可以算作一个人的性格标志。从这点上来说，口头禅并不是完全随意和偶然出现的，它标志着一个人的心理状态和性格特点。从不同的口头禅里，我们可以大致读懂一个人的真实内心。

　　1．喜欢说"老实讲、真的、的确、不骗你"这类口头禅的人

　　如果一个人在交谈过程中反复强调自己讲话的真实性，那么说明这个人心存忧虑，总是担心别人会误解自己，这样的人一般性格有些急躁，内心常常不够平静。他十分在意别人对自己的评价，所以才会习惯性地强调自己说话的真实性，所以这样的人一般来说也是比较好面子的。

　　2．习惯说"必须、应该、必定会、一定"这类口头禅的人

　　这类口头禅有较强的命令性，经常说这类口头禅的人一般都非常自信，做事情也显得很理智。另外有一点值得我们注意的是，如果我们的谈话对象在说话的过程中经常说"应该是这样的吧"，这一类的话，那么说明他此时并不是很有把握，虽然表面上态度坚决，但其实也拿不准。

　　3．喜欢说"据说、我听人说、别人说"这类口头禅的人

　　这类口头禅一个最明显的作用就是推卸责任。说这类话的人其实是在试图告诉我们，以下讲出的内容都不是他的原

第五章 语言表情：意在言内，更在言外

创，只是道听途说，如果错了，那也是别人的责任。

一般来说，爱说这类口头禅的人做事都喜欢给自己留点余地，他们很有可能见识广、知识储量也比别人多，但是却往往缺乏自己的判断力和立场。很多处世圆滑的人都喜欢用这一类词语，因为他们时刻为自己准备着台阶。

4. 喜欢说"随便、我不知道、你决定吧"这类口头禅的人

如果我们观察得足够细心的话会发现，喜欢说这类口头禅的大多是一些性格温和、犹豫的人，而且以女性居多。这样的人一般不会在别人面前流露出自己的强烈意愿，但也不能说他们没有立场，他们很可能是不想表现得过于强势，这种人大多处世中庸，不想跟人起争执，性格上可能比较软弱。

但也有人存在选择困难症，如果有人能够帮助他们做出选择，他们可能就不会自己去决定，这样的人一般来说性格是比较被动的。

5. 喜欢说"也许吧、可能是吧、大概是吧"这类口头禅的人

假如一个人经常使用这种模棱两可的口头禅，那么说明这个人时刻在掩饰着自己的真实想法，他的自我防御本能特别强，害怕因为说错话而带来不好的影响，所以干脆就不给出一个明确的态度。这种人在待人处世方面一般比较冷静，所以人际关系应该不错。

6. 喜欢说"但是、不过"这类口头禅的人

这类口头禅是一种带着转折意味的连词，喜欢这样说话的人其实是为自己留下闪转腾挪的空间，也说明他们在讲话时头脑清楚，条理清晰。一般很多领导在夸奖完下属之后都会说

上一句"但是……"这样能够给下属留有颜面,也能够完整地表达清楚自己的意思。所以也说明这个人非常懂得照顾别人的心情,不会说太过分的话。

7. 喜欢说"无聊、烦躁、没意思"这类口头禅的人

一个人假如对谈话或者对面前的某些事物不感兴趣时,他们就有可能会说这样的话。说这类口头禅的人一般都给人一种颓废和不安分的感觉,这样的人可能不会完全照顾别人的心情,比较自主,有内心的想法也不掩饰,所以性格比较耿直。

但是,这类口头禅往往也会产生不良的影响,因为听者会从中感觉出一种"颓废"。

总而言之,无论是一个人说话的语速、说话时的肢体语言抑或是他的口头禅,这些都是人心的一面镜子,管好自己的"舌头"能让自己少些麻烦,摸清楚别人的"舌头"能够让自己在人际交往中占得先机,一张巧嘴无疑是重要的,但是一双能够听懂话语的耳朵也是一个"人际关系"高手的秘密武器。

从谈话语气掌控心理

语言和语气密不可分,语气通过语言表达出来。而语气比语言更具有个人感情色彩。个人的心态和精神状况直接影响着语气所表达的感情色彩的浓淡。谈话者可以通过对发音器官的下意识控制和使用来体现不同的语气。所以我们就可以通过人们下意识体现的语气来透视一个人的性格和内心所想。

1. 和声细气者

这一类型的男性多大忠实厚道,胸襟开阔,有一定的宽容力和忍耐力,能够吸取他人的意见和建议为己所用,但同时

第五章　语言表情：意在言内，更在言外

又不失自己独到的见解。他们具有同情心，能够关心和体谅他人。而这一类型的女性则大多比较温柔善良、善解人意，但有时候也会因为多愁善感而显得过于软弱。

2. 轻声小气者

这种人在为人处世各方面大多比较小心谨慎，他们具有一定的文化修养，说话措辞非常文雅，而且总是显得十分谦恭。一般情况下，他们对他人都相当尊重，所以反过来他们也会得到他人的尊重。他们比较宽容，从不刻意地为难、责怪他人，而是喜欢采用各种方式不断地缩短与他人之间的距离，密切彼此之间的关系，尽量避免一些不必要的麻烦。

3. 高声大气者

这种人性格大多是比较粗犷和豪爽的。他们脾气暴躁、易怒，容易激动，为人耿直、真诚、热情，说话直截了当，有什么就说什么，从来不会拐弯抹角绕圈子。这一类型的人大多容不得自己受一点点委屈，他们会据理力争，一直到水落石出为止。他们有时会在紧急情况下充当先锋，起召唤、鼓动的作用，但有时候也会在不知不觉当中被他人利用而浑然不知。

4. 凝重深沉者

这种人才高八斗、言辞隽永，对人情世故理解得深刻而准确，对社会、对他人负责任，比较可靠。但由于人情事理的复杂性，这种人的能力往往得不到重用，抱负难以施展。

5. 锋锐严厉者

这种人言辞锋锐犀利，爱好争辩。谈话时，他们一旦逮住对方语言的漏洞就会不留情面地攻击，让对方无话可说。但由于急于找到对方的弱点，他们往往忽略从总体上把握问题的关键，从而陷入舍本逐末、顶牛抬杠的处境。

6. 刚毅坚强者

这种人办事坚持原则，公正无私，是非分明。但是由于原则性太强让人觉得没有商量的余地而显得不善变通，过于固执。不过，他们还是会因为肯主持公道而得到别人的尊敬。

他们在谈论他人的价值时，不会因个人恩怨而产生偏见，能够做到公正无私，达到一种别人难以达到的崇高境界。

7. 温顺平畅者

这种人说话速度慢，语气平和，他们性格温顺，与世无争，易与人相处，但因为天性温和软弱，而使自己长期处于一种胆小怕事的状态，对外界事物采取逃避态度。如果他们能遇上一个肯提携他们的人，从旁边帮他们一把，教导他们磨炼胆气，知难而进，那么他们就会成为一个刚柔并济的人物，会做出一番令人刮目相看的大作为。

此外，说话语气平稳的人，具有正直的性格；说话有气无力，同时语气不甚明了的人，比较内向而且胆小；说话语气抑扬顿挫，像唱歌一样的人，是幻想家，特别讲究罗曼蒂克气氛；说话语气很冲，同时声音很大的人，是任性的人；语气低沉，说话时由牙缝深处出声的人，凡事都抱有怀疑态度；语气音色均不规则的人，性格轻率。

总之，语气能体现一个人的真实自我。只要我们仔细分辨就一定能从说话语气上揣度出一个人内心深处在想些什么。

从语速声调掌控心理

在他人说话的时候，如果能注意到声调、速度和态度等方面，同样也可以对他们的内心情感和对事物的看法、意见及

第五章　语言表情：意在言内，更在言外

认识有一定程度的了解。

在大多数情况下，抑扬顿挫掌握得非常准确、到位的说话者，他们的自我表现欲望都很强烈。

说话时不断提高声调的人，他们的自信心大多比较强烈，比较固执、任性，常常自以为是，不喜欢为他人所管制，倾向于我行我素。

在任何时候说话都轻声细语、语速较慢的人，多属于内向型性格，比较温柔、软弱，自信心缺乏。

一个人说话的速度很快，而且态度从容肯定，也看不出一丝一毫的急躁情绪，他人听起来也感觉不出紊乱，这表明这个人多有很强的自信心，办事干脆果断，有独属于自己的思想，并且能够坚持自己的主张而不轻易改变。

在公共和集体场合能够主动讲话的人，性格大多比较外向，有较强的自信心，同时具有坦陈自己想法、表现自己、试图影响他人的勇气和魄力。

总是处于被动地位，待在角落里不爱讲话的人，一般来说，性格多比较内向，同时缺乏自信。

当然，也有的是比较沉着和老练，希望从别人的谈话中听取好的意见，为自己所用，来完善自己。

喜欢争论和辩论的人，多是开放型的，他们有摒弃旧观念、旧思想的勇气和胆量，对新事物、新信息的接受能力比较强，有竞争和攻击性心理，好胜心切，有时候会显得自大自负。

不喜欢争论和辩论的人，相对来说则比较封闭和保守，接受新鲜事物的速度比较慢，竞争和攻击性弱，性情温和，喜爱平淡，不太热衷于争名夺利。

在谈话中喜欢纠正别人错误的人，多较主动、自信，但

由于他们的性格比较直率，会忽略他人的感受。打断别人的谈话而变成自我发挥，往往会伤害到别人，所以他们的人际关系从某种程度上来说并不是特别好。

在谈话时不纠正别人错误，而等到谈话结束以后指出来的人则显得谦让、有礼貌，能够站在他人的立场上为对方着想，并给予足够的尊重，从而也会获得他人的认同和好感。

从言语表达掌控心理

俗语说："言未出而意已生。"在人们的现实生活中，常常会有欲言又止，吞吞吐吐的现象发生，则在那一刻他们内心的心理密码已经泄露了他们的真实动机。从察言上读懂对方心理的方法如下：

第一，在正式场合中发言或演讲，开始时就清喉咙者，多数是由于紧张或不安。

第二，说话时不断清喉咙，改变声调的人，可能还有某种焦虑。

第三，有的人清嗓子，则是因为他对问题仍迟疑不决，需要继续考虑。一般有这种行为的男人比女人多，成人比儿童多。儿童紧张时一般是结结巴巴，或吞吞吐吐地说"嗯""啊"。也有的总喜欢习惯性地反复说："你知道……"

第四，故意清喉咙则是对别人的警告，表达一种不满的情绪，意思是说如果你再不听话，我可要不客气了。

第五，口哨声有时是一种潇洒或处之泰然的表示，但有的人会以此来虚张声势，掩饰内心的惴惴不安。

第六，内心不诚实的人，说话声音支支吾吾，这是心虚

第五章　语言表情：意在言内，更在言外

的表现。

第七，内心卑鄙乖张的人，心怀鬼胎，因此声音会阴阳怪气，非常刺耳。

第八，有叛逆企图的人说话时常有几分愧色。

第九，内心渐趋激动之时，就容易有言语过激之声。

第十，内心平静的人，声音也会心平气和。

第十一，心内清顺畅达之人，言谈自有清亮和平之音。

第十二，诬蔑他人的人闪烁其词，丧失操守的人言谈吞吞吐吐。

第十三，浮躁的人喋喋不休。

第十四，心中有疑虑不定思想的人说话总会模棱两可。

第十五，善良温和的人话语总是不多。

第十六，内心柔和平静的人，说话之时总是如小桥流水，平柔和缓，极富亲和力。

要想操纵人心，闲谈是了解对方的一种最好方式，整个氛围显得轻松愉快，又让对方心理上没有防线。

第二次世界大战中期，东条英机出任日本首相。此事是秘密决定的，各报记者都很想探得秘密，竭力追逐参加决定会议的大臣采访，却一无所获。这时候，有位记者有心研究了大臣们的心理定式：大臣们不会说出是谁出任首相，假如问题提得巧妙，对方会不自觉地露出某种迹象。有可能探得秘密。

于是，他向一位参加会议的大臣提了一个问题：此次出任首相的人是不是秃子？因为当时有三名候选人：一个是秃子，一个是满头白发，一个是半秃顶，这个半秃顶就是东条英机。在这看似无意的闲谈中，这位大臣没有仔细地考察到保密

111

的重要性，虽然他也没有直接回答出具体的答案，聪明的记者，从大臣思考的三秒钟，就推断出最后的答案，因为大臣在听到问题之后，一直在思考半秃顶是否属于秃子的问题。记者从随意的闲聊中套出了他需要的独家新闻。

对于见识浅薄、没有心机的人，你不应和他保持更深更多的交往，只需当作一个普通朋友就行了。

这种人对一切事物都没有什么深刻的印象，千万不要附和他所说的话，最好是不表示任何意见，只需唯唯诺诺地敷衍就够了。

另外，还有一类人，他们唯恐天下不乱，经常喜欢散布和传播一些所谓的内幕消息，让别人听了以后感到忐忑不安。其实他们这样做的目的是引起别人的注意，满足一下他们不甘久居人下的虚荣心。他们并不是心地太坏的人，只要被压抑的虚荣心获得满足之后，天下也就太平了。

像这样的倾听者，非常喜欢把话题的重点放在跟自己完全无关的人、名人、歌舞影星的花边新闻逸事方面，其内心存在一种起支配作用的欲望。

由此可见，他是个沉迷于闲谈名人或明星风流事的人，也说明他很难拥有真正的知心朋友。这类人或许是因为内心生活很孤独，没有生活的激情，是个对现实不满的人，虽然他没有用怨恨的语言倾诉他的想法，却用自我表现的方式表达出来。

事实上，他还不知道这种自我吹嘘的言谈，很难适应时代的变化。或许他是个不折不扣的失败者，完全靠怀旧来过生活。

不过可以看出他确实陷入某种欲求不满的环境中，可能

第五章 语言表情：意在言内，更在言外

他的升职途径遭受阻碍，或者无法适应目前所处的环境。所以他希望忘却现实，喜欢追寻往事来弥补现在的境遇。

这是一种倒退的现象，因为眼前的情况是如此残酷，所以，他仍用梦幻般的表情来谈。从他的话题里，别人会发现他的内心深处正在潜伏着一种不可救药的欲求不满的情结。

分析一个人的内在表现时，他的潜在欲望不但隐藏在话题里，也存在于话题的展开方式上。

话题的内容不断变化固然是个好现象，但谈的内容离谱，一切都显得毫无头绪的样子，那就会使听众感到索然无味。假如他是个普通人，总谈些没有头绪的话题，或者不断改变话题，东拉西扯，那就表示他的思想不集中，给别人留下支离破碎的印象，这说明他是个缺乏理性思考的人。

当然，一个优秀的谈话者，是很少谈及自己的东西的，而是将对方引出来的话题分析、整理，结果不断地从对方身上吸取许多知识和情报。

苏东坡是宋代文学家，他极具语言天赋，雄辩无碍的他，却非常注重别人的谈话。和朋友聚会，他总是会静下心来，听他们高谈阔论。一次聚会中，米芾问苏东坡："别人都说我癫狂，你是怎么看的？"苏东坡诙谐地一笑："我随大溜。"众友为之大笑。即使是朋友间的不同观点，他也以"姑妄言之，且姑妄听之"的态度对待。

经常使用关联词的人，大都比较慎重，也正是因为如此，说话难免时断时续只好再重新整合，才可以继续下去。这是一种缺乏自信心的表现。

从声音特点掌控心理

曾国藩说:"人之声音,犹天地之气,轻清上浮,重浊下坠。始于丹田,发于喉,转于舌,辨于齿,出于唇,实与五音相配。取其自成一家,不必一一合调。闻声相思,其人斯在,宁必一见决英雄哉!"

声音与说话者当下的心理活动密切相关,声音大小、轻重、缓急、长短、清浊的变化,与人的特征息息相关,这就是闻声辨人的基础。

闻声辨人,一定要着重从人情绪的喜怒哀乐中去细加鉴别。欣喜之声,宛如翠竹折断,其情致清脆而悦耳;愤怒之声,宛如平地一声雷,其情致豪壮而强烈;悲哀之声,宛如击破薄冰,其情致破碎而凄切;欢乐之声,宛如雪花于疾风刮来之前在空中飞舞,其情致宁静轻婉。

春秋时期,郑国杰出的政治家郑子产就是一位闻声辨人的高手。

有一次,他外出巡察,突然听到山那边传来女人的悲恸哭声。随从们看着子产,等候他的命令,准备救助,不料子产却命令他们立刻拘捕那名女人。随从不敢多言,遵令而行,逮捕了那名女子,当时她正在丈夫新坟前面哀哭。人生有三大悲:少年丧父、中年丧夫、老年丧子,可见该女子的可怜。以郑子产的英明,本应该不会对此妇动粗,其中缘由,是因为郑

第五章　语言表情：意在言内，更在言外

子产的闻声辨人之术。郑子产解释说，那女人的哭声，没有哀恸之情，反蓄恐惧之意，故疑其中有诈。审问的结果，果然是该女子与人通奸，谋害亲夫之故。

《礼记·乐礼》云："凡音之起，由人心生也。人心之动，物使之然也。感于物而动，故形于声。声相应，故生变。"对于一种事物由感而生，必然表现在声音上。人的声音随着内心的变化而变化，所以说："心气之征，则声变是也。"

声音平和，则内心平静；声音清亮和畅，则内心清顺畅达；声音偏向激越，则内心渐趋兴盛；声音迟缓低沉，则内心消极郁闷；声音沙哑混浊，则内心紧张不安；声音清脆而节奏分明，则内心诚恳、坦然；声音如细水长流，不紧不慢，则内心宽宏柔和。

古人历来重视声音，认为声音是考察人心的一个重要组成部分，在深入观察和研究的基础上，按照五行原理，把声音分为：

金声：特点是和润悦耳；

木声：特点是高畅响亮；

水声：特点是时缓时急；

火声：特点是焦灼暴烈；

土声：特点是厚实高重。

人的声音，由于生存环境、先天禀赋、后天修养以及健康状况等条件的不同而相异。

声音不仅在一定程度上表现着一个人的状况，而且还在一定程度上表现着一个人的文化品格——他的雅与俗、智与愚、贵与贱（这里指人格修养）、富与贫。

声音沉雄厚重，韵致远响，这是肾水充沛的征象，由此可知其人身体健壮，能胜福贵。

发于喉头、止于舌齿之间的根基浅薄的声音，给人虚弱衰颓之感，显得中气不足，这也是一个人精神不振、身体虚弱、自信心不足的表现。

声音低粗，而音域很广的人，有作为，较现实，或许也可以说是比较成熟潇洒，有适应力。

声音洪亮，有穿透力的人，精力充沛，具有艺术家气质，有情趣、热情。

外带语尾音的人，精神高昂，若是男子，则有点女性化，具有艺术家的气质。

说话时叽叽喳喳，声音很高的人，其个性如同小孩子一样，是不知醒悟的人。

声音沙哑的人，性格一般比较粗野。

男性高音者，为人和善，具有慈悲心肠；女性高音者比较感性，大多属于罗曼蒂克型的人，是恋爱至上者。

男中音的个性比较冷酷，是属于慎重的务实型人。而女中音，是讲求情调的热情之人。男中音与女中音有相互排斥的倾向。

男性声音较低者可以说是人格圆满型的人。他们大都头脑清晰，虽然不太具有男子汉气概，但却非常诚实，不会结帮成派。女性声音较低者讲求技术，是能够抓住对方心理活动的现代型人物。

说话时声音好像被压抑住似的人，好挖苦他人，不论看什么事物，均不会由正面去观察。

讲话时声音较低，唾沫横飞的人是精力过剩，好浪漫的

第五章 语言表情：意在言内，更在言外

人。他们注重外表，爱好名声，同时还喜欢矫揉造作。

从谈话细节掌控心理

要了解一个人的心理状态，首先对于他的每个细节，都要细心地分析。

在社会的交往之中，人们经常会看到这样一个现象，社会地位高的人对下属的谈话总是居高临下，他可以紧盯着下属的眼睛和每一个动作，而下属通常都是采取恭敬的态度，俯首帖耳地倾听，并不时伴以理解和应酬性的微笑。而社会地位低者对社会地位高者进行说明时，对方只是随意地附和，并不向说服者使用客气的语调说话，这通常都是对对方怀有鄙视的表现，而这种表现会妨碍你的说服工作。

当社会地位高的人对社会地位低的人有反感时，大部分情况下不会将反感压抑在心底，而是直接表现出来。例如，谈话当中突然离席，让对方久候；谈到主题时，故意岔开话题；假装正在思考问题，将视线转移到别处；更有甚者，根本不听你的谈话，一个人看起报来。这说明对方忽视你的人格态度。

在人际交往中，某些自尊心很强的人，为了保护自尊心，常常不发一言，极夸张地表现出瞧不起人的态度。因此，他会戴上做人的面具来支撑自我、确信自我，并且由此回避、消除接受说服时的不满情绪，从这种谈话方式可以看出这种人的本质和内心活动状态。

言语是情感的表达，是思想的表现结果。一个人不管水平如何，目的如何，只要他张口说话，他就在有意无意地给别

人留下印象。一句话很可能就是自己的一幅画像。同时，谈话也可以展示一个人的职业、身份和知识水平。一个人在言谈中会不经意地流露出自己的思想和情感，一个能够在谈吐之中对问题条分缕析、应对自如，并表现出不同凡响的气质和风度的人，肯定是个有思想、有内涵的人。

一个有真才实学的人如果善于表达，常常能轻易地征服别人的心，即使是才疏学浅者，如果能说会道也会给人以深刻的印象。我们固然不可油嘴滑舌，但人们判断一个人时，对其语言表达能力是很看重的。我们都有很多同学、朋友、同事，有的人在长期失去联系后就淡忘了，可是如果有人曾给过你一句哲理性的忠告，那么你可能会忘记你们之间的很多事，唯独记住这句话，忘记他的很多可能愚蠢的行为，而认为他是有见解的。这就是语言的力量。

借助语言的力量，把自己内心的见解和心理活动状态呈现出来，就会引起别人的重视，甚至可以改变自己的一生，因为一些看人高手，可以从你的言谈中窥探你的真实想法和人生的抱负。著名科学家法拉第之所以能进入英国皇家学院，正是得益于戴维爵士和他的一场谈话。

戴维："很抱歉，我们的谈话随时可能被打断。不过你还算幸运，此时此台仪器没有爆炸。可能因为你没在实验室干过，所以才愿意到这里来，科学太艰苦，要求付出极大的劳动，而只有微薄的报酬。"

法拉第："但是只要能做这种工作，本身就是一种报酬。"

谈话结果，戴维让法拉第当了自己的助手。后来，有人要戴维填表列举自己对科学的贡献，他在表的最后写道："最大的贡献是从一句话中发现了法拉第。"

第五章　语言表情：意在言内，更在言外

一个远离社会和人群的人，不可能具有洞察他人内心世界的本领，要在社会中生活得一帆风顺，就得具备从别人的言谈中，了解其内心动态的手段。可以说每一个人在一生中，都会或多或少地与骗子打交道，没有识破他言谈中破绽的本领，受骗上当也就在所难免了。

骗人的高手至少是半个心理学家，虽然他们不承认或不自觉，但他们真的十分了解被骗人的心理变化和需求，他们总是寻找各种机会行骗。例如他们专门在谈话时察言观色，因为世上许多诚实的人，都有一颗深情的心和无掩饰的脸。而骗子一面窥视你，一面却假装恭顺地瞧着地面，善于把真正要达到的目的掩盖在东拉西扯的闲谈中。

骗子还有另一个绝招，就是在你毫无防备的情况之下，突然对你提出一个他期待已久的愿望，因为他从诚实人的言谈之中，察觉没有对他设防的时机，让你在来不及思索时，便答应了他的要求。

当一个试图阻挠一件可能被别人提出的好事时，最好的办法就是首先由自己把它提出来，但提出来的方式又要恰好足以引起人们的反感，因而使它得不到通过。有时，骗子装作正想说出一句话却突然中止，仿佛制止自己去说似的。这正是刺激别人加倍想知道你要说的东西的一种妙法。

还有一种诱人上当的骗子，他暗地里想与A先生竞争领导的位置，于是他对A先生说："在当今时代当领导是件没意思的事。"那位可能被任命为领导的A先生天真地认为他说的是真心话，并且在不同场合表达了对这种观点的认同。结果骗子将他的话告诉了上级，上级大为不悦，最终没有提拔A先生。

还有一种影射的狡术，比如当着某人的面故意对别人说

"我才不干某种事呢",言外之意是只有对方才会干……

有的人搜集了许多奇闻逸事,当他要向你暗示一种东西时,便讲给你听一个有趣的故事。这种方法既保护了自己,又有助于借人之口去传播他的话。

有人故意在谈话中自问自答,这也可以作为一种狡术。

总而言之,这种狡猾的方法是形形色色的,所以把它们都抖搂一下是必要的,以免许多老实人不明其术而上当受骗。

骗子再高明,只要你留意观察,搜寻他言谈之中的蛛丝马迹,把他从黑暗的角落提置到光明的地方,那时,他可能就无所遁形了。

心理学家研究证明,一个人一开始说谎,身体就会呈现出相应的信号:面部肌肉的不自然,瞳孔的收缩与放大,额部出汗,面颊发红,眨眼次数增加,眼神飘忽不定,等等。说谎者总是希望把体态隐藏起来,所以一个人在电话里说谎比当面说谎要镇定从容。利用这一特点,警方在审讯犯罪嫌疑人时,总是将其放在光线强烈的地方,让其体态语言暴露无遗,这样很容易看出他是否在说谎。而且让他的身体无所依傍(比如不背靠墙,一般用凳子而不用椅子),从而解除他的防备心理,促其彻底坦白。

一个人在说谎的时候,很难控制自己下意识的动作,且其语气也会出现微妙的变化。

有时,一个人谈吐的速度、口气、声调、用字等,蕴藏着极为丰富的第二信息,撩开罩在表层的面纱,能探知一个人的内心真实想法。一般来说,如果对方开始讲话速度较慢,声音洪亮,但涉及核心问题,突然加快了速度,降低了音调,十有八九话中有诈。因为在潜意识里,任何说谎者多少有点心

第五章　语言表情：意在言内，更在言外

虚，既希望"蒙"住对方但又无十分把握。更显而易见的事实是，如果他在某个问题上含糊其词，吞吞吐吐，可以断言他企图隐瞒什么。倘若你抓住关键的词语猛追不放，频频提问，说谎者就会露出马脚，败下阵来。

聪明的人会针对说谎者言语中的有违常理的说法，便可推断出他是否在说谎骗人。

宋国有个人要求为燕王在枣核尖上刻一个母猴，但是，他要求君王必须素食三个月才能看得见。燕王因此给他三乘兵车的封地以养活他。

燕国管理冶炼手工业的官员对燕王说："我听说君王素食的日子不能超过十天，因而君王不能为了看这个母猴而长久斋戒，因为这是没用的事，所以，这个人才提出三个月的斋戒期。凡是雕刻工作，刻刀一定比所要雕刻的东西小，而我们冶炼手工业做不出这么小的刻刀，也没见到宋人有这种刻刀，怎么雕刻呢？请君王看一看他的刻刀。"

因为这个官员根据生活的实际经验，对骗子言谈的夸大语言有了清醒的认识，当时的工艺水平不可能达到如此高的地步，因此推断宋人是个骗子，燕王派人把宋人拿下核查。他果然是个骗子。

从客套语言掌控心理

客套语的存在，是社会发展的必然结果。但是客套语需运用恰当，过分牵强则说明此人别有用意。

客套语的反面是粗俗语，一些人会对自己的心仪之人冒

出随意的言语，以示双方的关系非同一般，给人以亲密感的误会。

在毫无隔阂的人际关系中，并不需要使用客套话。不过，当在此种亲密的人际关系里，突如其来地夹入了客套话的时候，就必须格外小心。有时候，男女朋友之某一方，使用异乎寻常的客套话时，就很可能是心里有鬼的征兆。

用过分谦虚的言辞谈话时，可能在表示强烈的嫉妒心、敌意、轻蔑、警戒心等。"语言乃是测量双方情感交流的心理距离的标准。"客套话使用过多，并不见得完全表示尊敬，往往也可能含有轻蔑与嫉妒因素。另外，客套话在无意中会将他人与自己隔离，具有防范自己不被侵犯的预防功能。

某些都市的人，对外乡人说话很客气，这从另一个角度看，或许是一种强烈的排他性表现。因此，本地人往往无法与人熟悉，尽是给人以冷淡的印象。以此类推，假使交情深厚的朋友，仍不免使用客套话时，则很可能其内心存有自卑感，或者隐藏着敌意。

喜欢使用名人的用语和典故的人，一般来说大部分属于权威主义者。

假如你开口闭口就爱抬出一大堆晦涩难懂的客套话或外国语，就会让人有一种走错庙门的感觉。事实上，他只是一个用语言当作防卫自己弱点的人，他这样做，无非是想加强说话的分量，同时也表示自己的见多识广，来抬高身份和扩大自己的影响。

宋代王子韶，是个性情散漫之人，但他的口才很好，在他任县令时，当时还不是知名人物。一天，他晋谒一位显

第五章　语言表情：意在言内，更在言外

贵，当他到达之时，那名显贵和其他客人在探讨《孟子》，就没有把位卑人微的王子韶放在眼里，只顾谈兴而没有正视王子韶的存在。待了很久，那位显贵突然停下话来对王子韶说："你读过《孟子》吗？"王子韶回答说："那是我生平最喜欢的一本书，只是我全然读不懂其中的意思。"显贵便问："哪一句读不懂呢？"王子韶说："孟子见梁惠王，只是第一句已是不懂了。"显贵非常惊讶："这句有什么难懂之处呢？"王子韶趁机说："孟子既然说'不见诸侯'，为什么又去见梁惠王呢？"王子韶之所以说这句话是因为孟子还说过，"虽不见诸侯"，但"迎之致之以有礼，则就之"。王子韶引此讥主人无礼。显贵见名不见经传的王子韶如此机智，遂重之。可见，喜欢借用名人的语句或典故，可以为自己标新立异，这类人就是借此而自命权威的。

从打招呼方式掌控心理

从一个人打招呼的方式上可以操纵人心很多东西。

一面注视对方，一面行礼的人，对对方怀有警戒之心，同时也怀有想占尽优势的欲望。

凡是不敢抬头仰视对方的人，大部分都是内心怀有自卑感的。

在行礼的时候，在意识上保持距离的人，对对方怀有警戒心，并有相当的顾虑。

初次见面就碰触对方的肩膀打招呼，这样无异将当场的气氛导向有利于自己的一面。

使劲儿向对方握手的人，具有主动的性格和信心。

握手的时候，无力地握住对方的手，表示他有气无力，是性格脆弱的人。

在舞会或公共场合，频频向生人握手打招呼者，即表示他的自我显示欲非常旺盛。

握手的时候掌心冒汗的人，大多是情绪激动，内心失去平衡。

握手的时候，如果目不转睛地注视着对方，其目的要使对方在心理上屈居下风。

虽然不是初次见面，但始终都用客套的话向人打招呼或问候，这种人具有自我防卫的心理。

第六章
破解微表情背后的心理含义

　　已故美国著名记者约翰·根室在《回忆罗斯福》一书中写道："在短短的二十分钟里，他的表情从稀奇、好奇、吃惊到关切、担心、同情再到坚定、庄严，具有绝伦的魅力，但他却只字未说。"

　　心理学家研究结果表明，从人们获取信息的渠道来看，只有11%的信息是通过听觉获得的，83%的信息通过视觉获得；而精妙地表达一个信息应该是7%的语言+38%的声音+55%的表情和动作。

　　可见，不注意微表情的交流，不仅会丧失大部分沟通情感、传递信息的渠道，也会给他人以平淡拘谨、毫无生气的呆板印象。

微笑背后的心理含义

1. 笑容通常表示喜悦

笑容大多是表示喜悦与和善,喜而方能解颜启齿,也最易表达内心亲善的情绪,所以明朗的笑容与笑声,会使周围都快乐起来。

婴儿笑得纯稚,商人笑得虚伪。由于情绪及习惯不同,有笑出声音的或笑不出声音的,因此,一般可依其笑之不同而判断一个人的性格。

开怀大笑的人,心地坦荡,气量恢宏,明朗乐观,亲善随和。

满脸是笑,笑得眼睛眯成一条线的人,表示其人热情友善,为人乐观,不重钱财。

未语先笑或不应该笑而笑的人,表示其人虚伪,缺乏自信,精神上不可靠。男性世故、贪婪且狡诈,女性则贞操观念淡薄。

大笑如男人的女性,像男人一样爽快干脆,喜欢热闹欢乐,喜欢自我表现,热情随和,在事业上大多能有成就。

笑时眼尾露出很长鱼尾纹,而且其纹尾梢上扬者,表示家庭生活温馨幸福;如果皱纹尾梢下垂者,则表示其有情感困扰,或为家庭生活负担而操心等。

如果微撇着唇角装出笑容者,故作姿态而已,其内心通常自卑而不安。

笑时变成一张哭脸或笑声有如哭声者,则是表示身体不

第六章　破解微表情背后的心理含义

健康，尴尬而勉强发笑，心中充满愁苦，是一种贫困短寿的笑相。这不是苦笑，有点像惨然、凄然地笑，是笑不由衷的表现。

笑声尖锐的人，表示为人小心谨慎而带神经质，平常很在意周围人的批评，潜意识却渴望受到别人的重视及注意。

笑声放浪而毫无顾忌的人，大多是一些生活无大忧，且事业无大志，平时无大才，于人无大碍的人。注意放浪和豪放、爽朗的大笑有着本质的区别，虽然同为声大，气质却不相同。

2. 微笑是一种魅力

微笑可以表现出温馨、亲切的表情，能有效地缩短双方的距离，给对方留下美好的心理感受，从而形成融洽的交往氛围。对于不同的场合、不同的情况，如果能用微笑来接纳对方，可以反映出本人高超的修养，待人的至诚。

微笑有一种魅力，它可以使强硬变得温柔，使困难变容易。所以微笑是人际交往中的润滑剂，是广交朋友、化解矛盾的有效手段。

微笑要发自内心，不要强装。想象对方是自己的朋友或兄弟姐妹，就可以自然大方、真实亲切地微笑了。

3. 微笑的语言技巧

微笑能给人一种容易接近和交流的印象。善于交际的人在人际交往中的第一个行动就是面带微笑。一个友好、真诚的微笑会传递给别人许多信息，能够使沟通在一个轻松的氛围中展开，可以消除由于陌生、紧张带来的障碍。同时，微笑也显示出你的自信心，希望能够通过良好的沟通达到预定的目标。

微表情心理学

（1）你被介绍给他人时应该微笑

微笑是表示你愿意和此人见面。与人会面时面带微笑是最起码的礼貌。

觉得不舒服或格格不入时，你就微笑，这样可将你的忧虑不安掩饰过去，你的自信心也会立即提升，因为微笑会引发别人正面的回馈，你的情绪也因此而得到改善。在交往时，你希望表现出高度的自持力，微笑再加上仪态优雅，能为你制造奇迹。

（2）当你恭维他人或受人恭维时要面带微笑

微笑能让你的言辞增色，并能令你的意思深植人心。别人恭维你时，你极有风度地接受，你的亲和力指数也会向上攀升。有太多的人觉得自己不值得别人赞誉，因而腼腆尴尬，使称颂他们的人觉得很没面子，此时，微笑就是应对的最佳利器。

（3）当你为他人鼓掌时要面带微笑

一名同事当众受奖，或圆满完成任务时，应该很值得大伙鼓掌称贺。万一你内心大失所望或期盼领受殊荣的是你自己，微笑能帮助你掩饰你的心境。你会显得慷慨大度，而且很有团队精神。无论是工作或在休闲场合，这种形象都是值得极力去培植的。

即使你根本无意微笑时，也要留意别紧锁双眉，除非你刻意利用这种身体语言来表达你受到冒犯。

（4）虚假的微笑并非一件美好的事物

通常只是嘴唇肌肉牵动，眼睛不带笑意，面部表情也不见缓和。有人总习惯展露虚伪的微笑，很快地就会荣获"伪君子"的称号。心无笑意而展露微笑，能够帮助你松弛神经，缓和心情，但是如果你因而养成皮笑肉不笑的习惯，就会遭人厌恶，所得效果就适得其反了。

（5）微笑持续过久也会惹人疑忌

如果是你一手提拔培植的爱将，而这人向众人演说的四十分钟过程中，你一直面带微笑，听众也许能了解你内心的欣慰与骄傲。不过在多数情况下，微笑持续不衰会让人心生蹊跷，因为好像在暗示其注意力没专注于此时此地。

哭泣背后的心理含义

1. 泪语尽在不言中

哭泣是人们表达情感的一种方式，当然也是一种交流的语言。人们既会为悲恸而笑，也会喜极而泣。古人对哭泣是这样划分的，"有声无泪谓之嚎，有泪无声谓之泣"，只有既有泪又有声才能称为哭。可见，哭泣的程度不同主要区别在眼泪上。

眼泪是丰富的语汇，辅助言辞表达各种情境。疼痛、疲倦时哭出的眼泪能疏解压力；不堪回首的往事袭上心头，流出感伤的泪；人生的生离死别，流出悲悯之泪；沮丧至极时，流出绝望无助的眼泪；感念现有一切是上天的恩赐时，泪是感激之情；感叹大自然的鬼斧神工时，流出的是惊喜之泪；就连看一出悲剧，也能让人掬一把同情之泪。各种眼泪不胜枚举。另外还有一种眼泪与上述眼泪有所区别，它的存在是为了随心所欲，并非一般的真情流露。

眼泪语言与情感反应大同小异。哭泣表达身体的信息。它通知我们，体内发生某件重要却看不见的事情。和其他情感反应相同的是，哭泣始于中央神经系统。困窘之际，双颊绯红；愤怒时，声调提高；同样，哭泣也是内心状态的"表面行动"。

然而，哭泣情感和其他不同的是，就像语言一样，我们可以用多种不同的方式解读哭泣。看一个人哭泣，不必花多久时间就可知道，他是愤怒、高兴、失望，还是解脱。

（1）生理需求

基本上，眼泪是承受外界刺激的生理反应。最明显地，这些生理反应是由刺激物质（如灰尘粒子、变应原、眼睫毛）或空气中的微细物质（洋葱、阿摩尼亚）造成的。急性伤害也易导致流泪。眼泪一方面表达难以承受的痛苦，另一方面需要同情和抚慰。孩子跌倒，擦伤膝盖后，会先举目四顾，看谁在场观看，然后才发出毛骨悚然的哭喊。有时候，痛苦如此折磨人，眼泪汩汩流出，和伤口的血液一样，充满戏剧性的效果。

（2）触景生情

大多的哭泣与过去的记忆有关。人的知觉和对自我的感受以及本身，都是由形象、记忆和回忆组成的。有些影像是真实事物的正确陈述，许多则因时光流转而遭扭曲。细节的清晰度随着时间而褪色。有些事件太过痛苦，因而深埋在记忆中。

目前遭逢的事情，无不和过去的场景息息相关。令你困扰或激动并使你想马上哭泣的事情，都和个人历史的影像和记忆有关。在为别人哭泣的同时，也是为自己哭泣。也就是说，流泪的原因虽然部分起因于现在，但也和过去的经历有所关联。

（3）寻求疏解

哭泣的疗效在于过滤过去的痛苦。人们常说眼泪对他们有帮助，主要是因为它使人释然，抛开萦怀不去的影像。

第六章 破解微表情背后的心理含义

比如小时候根本没机会说出每天的痛苦，在身心两方面都受到命运虐待。泪水传达出自己经历的一切，就算没有人注意，也是尽力向旁人传达自己所受的伤害。

（4）情感交流

"不论境况好坏，都要携手共度"，这是婚约中的誓词。同样的情况也发生在联结我们与他人情感的这类眼泪上。和他人一同哭泣，最好是让眼泪发生在我们视为重要的人生庆典仪式上——婚礼、丧礼、成人仪式、宝宝的诞生和毕业典礼。这使我们紧密地结合在一起，也是其他方式办不到的。拥抱时哭泣是不同的情感交流，绝非握手或言辞上的抚慰祝贺所能比拟的。

同样，伴随离情而来的眼泪也是联结的信息，能够促进亲密的情感。孩子离家或家人出远门之际，用泪水表达爱与悲伤，远比言辞或礼物更为明确。只要去国际机场，就常能见到即将分手的人们一起哭泣，以让人感动的方式道别。

（5）忧伤失落

这是所有眼泪中人们最容易接受的一种，只是不要哭得太久。

眼泪代表忧伤和失落的第二个功能，是减缓人生的步伐，让我们有时间思念我们所敬重的人，和他们说说话，让他们成为生命里的一部分。

大部分人都有类似的经验。失落常发生在已经事过境迁，但依然留下久不愈合的伤口上。我们全都为过去挥之不去的事物所困——失去的爱情、感情的创伤和生活的悲剧，甚至情感上遭遇的忽视和虐待。我们常常会为这些损失和伤害哭泣，直到人生的尽头。

（6）极端沮丧

对于极端沮丧的人来说，哭泣和呼吸一样不可或缺。这是他们汲取精力，借着饮泣呼吸的方式。他们憎恨泪水，因为眼泪让他们显得无助和无望；他们觉得无法改变，仿佛身躯正遭受不可抗拒的外力束缚，其实这种现象十分正常。

（7）欣喜若狂

虽然我们经常把哭泣和忧虑或同情连在一起，另外一种情境却能制造欢乐狂喜的眼泪，这就是喜极而泣，这时主要的感受虽是喜悦幸福，但往往因思绪万千，为来之不易的幸福流出眼泪，就如初为人母的经验："这真是一个奇迹，我只能哭泣。我的眼泪夹杂着痛、惊喜和爱。宝宝的诞生使我感受到，丈夫和我真的可以创造生命！"

2. 宝宝的哭泣语言

哭泣可能协助你适应环境。宝宝哭泣就可得到满足——更换尿布、得到食物等。有趣的是，哭泣可以刺激母乳分泌，为婴儿带来更多帮助。然而物极必反，哭号不休会造成双亲的挫折感，甚至导致虐待儿童的问题。

经常或大声哭泣不是能否生存的最佳指标，还须依据对方的容忍限度，掌握哭泣的时机。此外，你得让自己的哭泣语言为人所了解。

眼泪既然是宝宝的唯一语言，我们当然不可能向他殷殷教诲"对不起，宝宝，请问你这次哭泣的意思是饥饿，还是吵闹一下，好发泄过剩的精力？"

3. 情感沟通的桥梁

眼泪的语言不过是人们沟通情感的"方言"，是现实生活中感受较强的一种表现，也是人们情感沟通的桥梁。

第六章 破解微表情背后的心理含义

探索哭泣在生理、社会和情感生活的不同功能时，我们会发现，眼泪原本的目的是眼睛的一种生理反应，如今却成为人类的一种特性。我们在以下章节解释各种眼泪的意义时，必须有所超越，不再把流泪视为简单的反射行为，而须重视潜藏在其中的情感。我们有承认情感，得到回应的需要。我们需要聆听的不只是眼泪的语言，还包括隐藏在泪水背后，渴望别人了解自己情感的需求。

在人类的行为当中，眼泪扮演着各色各样的角色，例如，让富有攻击性的人鸣金收兵。对眼泪的强烈力量突然改变互动情势，总是让人感到惊讶不已。

一名男医生在医院斥责一名护士。他真的伤害了她，因为言辞斥责令人难堪。站在一旁看到这番景象的人，很明显地看出她越来越难过，这名医生却一点也没有注意，依然长篇大论地指责她。

突然，一滴眼泪由她眼中涌出。只是一滴而已，泪珠流下她的脸颊。他停了下来，这个男人，这位不可一世的医生，可能一向都是为所欲为，摆足架势，现在却突然住口不言了。这滴眼泪清楚地传达出对方原本看不见的信息。

他迅速地后退，拼命道歉。对他而言，这滴眼泪真有其他事物无法传达的意义。

言辞无法说出的事物，眼泪能够传达。

哭泣是多种感情的一种自然表露方式——喜悦和悲伤都会令我们哭泣。

如果别人开始哭泣的时候，你应该：

——递上纸巾。

——请求对话"暂停"。

4. 眼泪象征什么

我们不只关心事物的整体意义，也关心它们潜藏和掩饰的意义。眼泪是一种体液，就像尿液、汗水一样被排出体外。因此，人们把眼泪当成免疫系统的一部分，可能也会当成避免情感伤害的防御工具。换句话说，眼泪的释出可以取代某些药物都难以达到的作用。比方最爱的人故去，无穷的思念郁积在心里难免会被憋出病来，流泪就是另一种选择。

其他的解释还包括诸如代表体液的消耗等。哭泣的婴儿和意气消沉的成人，都借着眼泪被动无助地等待照顾，好补足失去的养分。就好像人体是个水桶，填满了飞溅的咸水。水桶有破洞，让眼泪流到地面上时，就是个信号，告诉我们必须把洞补起来，再把水桶填满。

5. 哭的学问

哭也有真假！

古代历史上，像蹇叔哭秦师、申包胥哭秦廷，那是真哭。而像烛之武缒城而哭，谋略的成分就要大于感情的自然。

在《三国演义》里，诸葛亮去凭吊周瑜，那一哭可算是名垂千古，时惊四方。周瑜三气而命绝，当时，不去吊祭难弥蜀吴之裂痕。去了，不仅对如何表白颇费思量，就是身家性命也有危险。诸葛亮长歌当哭，当着活人面哭死人，对着死人说活人，让不能言谈、萧萧杀气的灵堂变得声泪俱下，任我纵横。

诸葛亮的哭，是他特殊外交手段的大方略。

不仅在中国古代，即便是现代外国政坛，能不能哭和该怎么哭，也是一个优秀政治家必须揣摩领悟的技巧。会哭而且哭得恰到好处，那才是又有人情味，又有男子汉气概的大英雄。可见，哭不仅是一门不浅的学问，也是一种特殊的语言呢！

第六章　破解微表情背后的心理含义

握手背后的心理含义

1. 握手表达友善

握手，表达彼此的友善。

据说，握手起源于伸手表明手上没有武器，以示没有攻击对方的敌意，是一种表达彼此友善的礼节，是"友好""合作"的"行为语言"，代表着信任、沟通、互相援助的语言意义。

在现代，握手成为一种最为普遍的见面礼节。人们在相遇的时候，通常都以握手来替代打招呼。从握手的动作上可了解一个人的性格，因为手是一个人的人品性格的外延，借着握手的身体接触，便能获得相当程度的自我感受。

（1）虚与敷衍型

手指头软得像煮糟了的面条，握上去软塌塌的毫无力量。

这种人的脸上经常会表现出一副无可奈何或愁眉苦脸的可怜相，大多属于心情颓废的悲观主义者。这种握手，使人感到无情无义，受到冷落，结果十分消极，还不如不握。

（2）犹豫不决型

这种人往往把胳膊抬起来，要握不握地迟疑不决，这时候你才发觉他可能根本没有跟你握手的意思。可是当你尴尬地把手缩回来时，他又把手张开来要和你相握。

这种类型的人，心多疑虑或恐惧，遇事总是迟疑不决，做任何事常常是出尔反尔，有始无终，意志不坚，缺乏恒心耐性。

（3）似握不握型

他若无其事地把手伸出来和你相握，而且久久不放，但是你把手抽回来的时候，他却往往毫无感觉。

这种人对朋友永远是不冷不热，很有可能是一个自私冷漠的人。

（4）缺乏诚意型

大臂不伸直，手肘略微伸出，他虽然也把手伸了出来，但僵僵地碰着你的指尖就把手缩了回去。

这种人缺乏诚意，只要你和他握过一次手，就不难看出他自负骄傲的为人了。这种形式的握手是最粗鲁、最无礼、最令人讨厌的握手形式之一。所以在日常生活中，应避免这种握手的方式。

（5）趋炎附势型

这种人握手，纯粹是一种机械动作，握着你的手狂抖猛摇一气，颤抖得你浑身难受。

这种人在潜意识里，认为不如此就无法表示他的决心、意志和恒久不变的态度。

（6）急功近利型

握手的时候有多大气力就用多大气力，用拇指和食指紧紧攥住对方的四指关节处，像老虎钳一样夹住对方的手。不言而喻，这种握手方式必然让人厌恶。

这种人孔武有力、热情十足，而且好求表现。

（7）乐天依赖型

大多是兢兢业业的实事求是的生意人，只要有机会就热情十足地抓住对方不放手。

这种人如果不是对你有所依赖或请求，就是一个热情、友好、胸无城府的乐天派。

（8）感情发泄型

他热情洋溢，永远不会放弃和人家握手言欢的机会，往往使被握的陌生人感觉莫名其妙，不知所措。

这种人热情洋溢，不拘小节，追求友情。严格一点说，就像是随意把感情发泄出来，更糟的是这种人随便的态度，很容易引起别人对他的反感。

（9）机智健谈型

大臂不伸直，手肘略微伸出，借握手的机会弯曲，手掌摆在胸部附近，等对方先把手伸过来跟他相握。

这种人心思细密而且健谈，善于察言观色而制造利用机会。

（10）无礼支配型

这种方式握手时，自己手心向下，迫使对方手心向上传递给对方一种支配性的态度。

这种人实际上很无礼，说穿了是缺乏教养。在电视新闻里，常常可以看到这种人参加谈判，而只要有这种人出现，谈判总是失败的，因为这种人毫无诚意。

（11）两手相扣型

这种方式右手握住对方的右手，再用左手握住对方的手背，双手夹握，使接受者感到热情真挚，诚实可靠。但初次见面者慎用，以免出现相反的效果。

（12）捏指尖型

这种方式多为女性不得不与自己不喜欢的陌生人握手时常用。不是握住对方整个手掌，而是轻轻地捏住对方的几个指尖。这种方式给人十分冷淡的感觉，其用意是要保持与对方的距离间隔。

（13）拽臂型

这种方式是将对方的手拉过来与自己相握，常被称为"拽臂式"握手。胆怯的人多用此式，但同样给人不舒服的感觉。

（14）双握型

这种方式是用双手握手的人是想向对方传递真挚友好的情感，它与两手相扣型的区别在于，左手是辅助，右手表达诚挚、礼貌的意思。通常的方式是将左手虚搭在与对方紧握的手上，或是轻握住对方的右手肘。

2. 伸出你的手

（1）伸手的方式

想要握手，就必须把手伸出去。这种伸手的简单动作，可以大概地猜测对方的性格。

张开五指而伸出的人性格开放、明朗，不拘小节，大多是积极进取的社交家。

五指并合整齐而伸出的人学识丰富而诚实，做事有计划，肯努力，但是缺乏魅力及决断力，比较缺乏表达能力。这种人通常宽以待人，严以律己，是个值得信赖的朋友，但其感受及反应比较迟钝。

大拇指张开而四指并拢伸出的人。这种人聪明诚实，规矩可靠，有数据头脑，不做无谓的浪费而显得小家子气，只重实用及个人交友原则，因此显得冷淡无味。

双手一起伸出来握手的人。这种人聪明机智，思虑周密，为人圆滑，性格稳定而无激亢，以自己的理想原则生活，不容易受到别人影响。

第六章　破解微表情背后的心理含义

缩曲着手指伸出的人。这种人小心谨慎，思虑缜密，性格内向，做事缺乏干劲与活力，喜欢稳定规矩的生活，交际范围比较狭隘，容易错失成功的机会。

（2）由手的光洁观察

手的光洁颜色既表现出一个人的生理健康，皮肤的细致粗糙，也可以暗示一个人的工作状况及生活概况，还可以推测一个人的性格。

白皙红润的手。性格明朗，健康而充满活力，正值顺心遂意。

红而有光泽的手。脾气毛躁，做事性急，在工作及恋爱上都有盲目冲动之倾向，缺乏毅力耐性，易冷易热。

苍白的手。一般有营养不良及贫血之倾向，因此缺乏活力，也缺乏温情，大多数人还有些情绪不稳定，富于梦幻，有孤独自闭之倾向。

黯涩的手。大多是消化器官易得疾病，或正有消化器官疾病之人。其性格有时会呈现出力不从心，表里不一，做事畏首畏尾的现象。

肤色白皙而指根掌缘结茧的手。大多为健康的劳动者或体育爱好者。如体格健壮，喜欢单杠，双环之运动者。

一般来说，双手颜色与其体质及健康有密不可分的关系。尤其是掌心的颜色，应以皓洁而有光泽为理想，表示这种人心身健全，情感丰富，生活如意，交际自然明朗爽快，与之交往必然有益无损。

（3）从握手的有力度判断

握手，可以感觉到对方用力与否，同时也有一种接触性的第一印象。美国心理学家伊莲嘉兰在一本书中指出，一个人与人握手时所采用的方式,很能反映出他的个性。

坚硬有劲的握手通常表示奋斗进取,不知疲劳,为人固执,坚韧不拔,凡事立定志向,一定不会半途更改。

柔软无劲的握手给人以敏感而任性,善于人事公共关系及交际,但是喜欢发牢骚的感觉,因此,相知即使满天下,至交知己也不多。

有劲的握手,暗示热情与友善;无劲的握手则代表敷衍与拒绝。使劲握手的人,通常表示他的主动性很强,而且充满了信心;反之,不大用劲儿握手的人,给人的印象是有气无力或性格脆弱。在公共场合中,不断地前去和陌生人握手,表示这个人富有社交性和自我表现欲。

(4)由握感判断性格

先伸手而握感有劲者老成世故,为人圆融,是个足以信赖的实力者。

用力握手者,通常对于对方怀有友善及好意。

伸出双手来握一手的人,往往对别人有依赖性,甚至心中正有求于对方。

伸出双手来互握的人,通常都较为热情友善,毫无虚伪,这种握手方式多发生于久别重逢的好朋友相见之时。

紧握着手而好久不放的人,这种人有所依赖、请求或野心,借着握手来察探你对于谈话内容的反应,以便决定请你帮忙或利用你。

一握手就立即放下缩回的人,表示性格偏激,为人性急,感情起伏很激烈的人,做事干脆而易走极端。

将握着的手拿来放在他双手中的人,表示热情友善,对于你充满倾慕、信赖、敬仰与依赖等感情,不把你当作外人。

第六章　破解微表情背后的心理含义

后来才伸手来握手的人个性温和善良，比较拘谨胆怯，是缺乏积极主动的人。

但社交场合的通常礼仪，男女之间若要握手，在礼貌习惯上是女士优先伸手，男性才能与她握手。如果男性冒昧地先伸出手来邀请握手，比较矜持的女性，可能迟疑之后才伸手。即依此论，如迟疑以后或本来就不与你握手者，暗示着拒绝友谊。

有劲的握手并且摇握好几下者，表示热情与诚意，两人互相信赖。

（5）由掌心的温度判断

最具代表性的一种现象，就是透过手的温度状况来判断。原来在人类的身体中，当发生恐怖或惊吓的感情变化时，自己无法控制的神经意识会突然活动起来，并引起呼吸的紧张、血压与脉搏的变化，或是汗腺的兴奋等状况。倘若跟对方握手，而发现对方的手掌出汗时，这就表示对方的情绪高涨，也可以说是失去心理平衡的象征。

一般来说，温暖的手是个乐天派，没有顾虑牵挂，但也可能是不愿显露真心的人。

用冰冷的手握对方的手，这种人虚荣心强，虽然为人可能诚实热情，但也重视体面及爱摆臭架子。

3. 掌握正确的握手礼节

握手是世界上通行的一种见面礼节，含义很丰富。比如有时候又具有"和解""友好"等重要的象征意义。美国前总统尼克松回忆他首次访华在机场与周总理见面时说："我走完梯级（从飞机舱梯走下来）时，决心伸出我的手，一边向他走去。当我们的手握在一起时，一个时代结束了，另一个时代开始了。"据基辛格回忆，尼克松为了突出这个"握手"的镜头，还特意要基辛格等所有随行人员都留在专机上，等他同周恩来完成这个"历史性握手"后，才允许他们走下机来。

貌似简单的握手，却蕴含着复杂的礼仪细则，承载着丰富的交际信息。比如：与成功者握手，表示祝贺；与失败者握手，表示理解；与同盟者握手，表示期待；与对立者握手，表示和解；与悲伤者握手，表示慰问；与欢送者握手，表示告别，等等。

在社交场合，人们应该站着握手，不然两个人都坐着。如果你是坐着的，有人走来和你握手，你必须站起来。如果你不能站起来，你要说："对不起，我不能站起来。"

标准的握手姿势应该是平等式，即大方地伸出右手，用手掌和手指适当用一点力握住对方的手掌。请注意：这个方法，男女是一样的！在中国很多人认为女人握手只能握她的手指，许多女人也认为她只需伸出她的手指，这都是错误的！

握手的力度要适当，过重过轻都不宜，尤其是握女人的手，不能太重。因为有的时候，她们戴着戒指，你的握力太重会使她们感到疼痛。

握手维持的时间通常是3—5秒。匆匆握一下就松手，是在敷衍；长久地握着不放，又未免让人尴尬。

别人伸手同你握手，而你不伸手，是一种不友好的行为，注意握手时不可把一只手放进口袋。

握手的一刹那，应该面带微笑，双目注视对方，显得你非常有诚意，而且充满了友谊之情。

第六章 破解微表情背后的心理含义

亲吻背后的心理含义

亲吻是一种相当常见的互动行为,可以在相爱的人们身上看到。亲吻过程发生时,男女总是非常亲密地相互靠得很近,拥抱在一起。这种亲吻是城市里常见的一种爱侣行为。

在亲吻中,我们通常见到的是,男女双方反复地把脸向对方贴近,接触的部位有嘴唇、鼻尖、前额或面颊。身体接触的部位是各式各样的,男女双方互相接触的部位有脖子、耳垂、鼻子、前额、面颊和嘴唇。和面部接触同时发生的还有拥抱、抚摸及其他形式的肢体接触。

亲吻通常有两种方式,一种是真正的嘴对嘴的亲吻,另一种是伴随拥抱的脸贴脸的亲吻。

对欧洲人来说,特别是法国人,似乎每时每刻都在亲吻:在脸上、手上,甚至对着空中。在法国,每次当男士与女士见面时,一定都要左右亲吻一次,这是见面的礼貌。而在离开时,也要左右再亲吻一次,代表再见。

在社交场合,双方在行拥抱礼时,脸颊一贴,然后换另一面颊再贴一贴,长辈对晚辈,男与女之间也通行此礼。

有些欧洲国家,像意大利、法国,男人与女子相见时,行吻手礼,即女子把手伸出,手掌向下,对方向前轻轻拉住女方手指前端,在手背上吻一下。当然,行此礼,必须要女方主动伸出手来,不可贸然去拉女方的手亲吻。

当告别时,如果不能亲吻说再见,可做个飞吻的动作来表达感激之情,这是可以被接受的。

接吻礼并非所有的国家都欢迎，因此要注意随俗而行。

身体接触背后的心理含义

体触是借身体间接触来传达或交流信息的交际行为，有些人称为"触觉交际"或"触觉沟通"。体触是人类的一种重要的非语言交际方式。它使用频繁，形式多样，并富有强烈的感情色彩，也具有极强的文化特色。

在交际中，最常见的体触行为有握手、拥抱和亲吻。除此之外还有其他许多体触行为。

第一，同性之间，尤其是同性青年之间的体触行为，如手拉手、勾肩搭背、搂腰，在一些国家被视为同性恋，但在一般的异性朋友中间这种行为却是很自然的。例如，久别重逢的男女朋友（非恋人关系）可以拥抱或亲吻。中国异性朋友之间一般只能握手，身体其他处通常不触碰，除非是热恋中的恋人。

第二，通过拥挤的人群时，英语国家的人爱用双手触碰别人的身、手、肘或肩部，分开一条路。而在我们中国，有些人不用手分路，却用身体躯干挤过人群，实际上是一种很不礼貌的行为。

第三，表示安慰或鼓励时，常常拍拍对方的手或肩部，有时还拥抱一下对方。有些年长的领导还爱用手拍拍下属、同事或朋友的背部，以示鼓励或祝贺。

第四，年长的女教师见学生穿得单薄时喜欢关切地摸摸衣服，告诫学生要多穿一点，以免感冒。

第六章　破解微表情背后的心理含义

男女各异的身体语言

1. 男女有别

男女的性别差异有三个层次：

性器是男女"第一性征"的标志；

青春期的男女在生理上的重大变化是"第二性征"；

在知、情、意、行方面表现的性差，则是男女的"第三性征"，或者叫"心理的性征"。一般来说，前两个层次的性差异是纯生理方面的，后一个层次则是心理方面的。而在身体语言方面男女之间的性别差异，主要是从"心理的性征"上反映出来的。

人分为男性与女性，自婴儿出生之时，即可见生理上第一性征之差别。孩子稍大一些，从衣饰可以区分男童或女童。而对于成年人来说，除了衣着服饰的明显差别以外，更可从男女的第二性征加以区别，男性魁梧有胡须，声音雄厚，女性婀娜而娇美，声音娇柔。

男女因为生理性别的不同，身态形貌以及性格、思想、情绪、举止、言行及服饰等各自不同。不过对于人类的原始欲望及心理需求则又大致相同，因此在身态行为上，仍有其相同的意义与目标。

（1）说话的方式

男性讲话的时间比女性长。如果一个团体里男女都有，男性说话时间比较长，而且较常发言。女性则常会停止谈话，或者只有两个互相交谈。

在交谈中，男性打断女性谈话的次数远远高于女性打断男性谈话的次数。在男女都有的团体里，百分之九十六的插话是男性所为。插嘴是权利和支配的表现，这是说，插嘴的人获得了交谈的控制权，而这正是一种人际的权利。如果一个团体里只有男性或只有女性，则其互相插话的比例相当，其结果女性更难充分表达自己的想法。而男性则觉得女性的贡献较少，团体里有没有女性对他们来说也没有什么关系。

不管说话者是男是女，女性会静静地注视着对方，结果男性认为女性是很好的听者，女性则觉得男性傲慢自大。

女性学习语言的能力通常比男性强。结果男性认为有些女性会在言语上占他们便宜，而有些女性则认为男性不善言谈是因为他们的智力较差或头脑不清。

男性通常会控制谈话主题。结果女性会觉得受到排挤或觉得无聊，男性则失去了广增见闻的机会。

在一般的讨论场合中，女性提出的话题会比男性多，结果男性被认为只谈工作或运动等事；女性则被视作浮躁、缺乏专注。

女性通常会点头让说话者知道她专心在听；男性则只有在赞同对方的话时才会点头，结果男性常会以为女性同意他的看法，事实却不然。女性则认为男性对她的话毫无兴趣或根本没有在听。

女性较常使用一些补充性的字眼和"女性专用"的形容词，如看到每个人都说"很好""实在太棒了"……这些字词会让人觉得她的话不郑重，听来不知所措（如我希望你真的不介意，假如……）。结果男人抓不到女性话中的重点，或者不把女性的话当真。

第六章 破解微表情背后的心理含义

在"说话的腔调"这一身体语言中就存在着男女性差,女性比男性更多地使用附加疑问句,就是放在陈述句结尾处的短语,使陈述句变为疑问句,例如:"这个节目十分精彩,是吗?"

女性还具有使用某些不同语调的倾向。女性大多使用惊讶、难以料及的、愉悦温和的语调,而男性在他们的语调中则仅仅运用三类对比程度的音高。女性则还运用第四类音高,这一附加程度是最高的音程。女性这一语调的特色,有助于表达其无限宽广、细腻的感情。但是,这使女性的言谈带有浓厚的感情色彩,声调也尖声细气。

(2)微笑与哭泣

许多男性用攻击性、看起来生气的行为来表现忧伤、困惑、恐惧、痛苦,甚至爱等感受。相反,许多女性在生气时,表面却在微笑、落泪或一副迷惑的样子。

女性总是比男性更爱笑。因而微笑被称为是女性特有的一种缓和方式,这等于是说"请不要对我无礼和粗野"。微笑似乎成了女性角色的一部分,大多数女性在聚会、舞会和其他公开场所中,都能以微笑来体现自己的端庄和严肃,当然,在这里笑并不表明就是快乐。女性的微笑并不一定反映肯定的情感,有时甚至可能和否定的情感交织在一起,我们在交往中应当注意这个性差特征。

男女哭泣流泪也有区别。对于男性来说,普遍的准则是"男儿有泪不轻弹",但女性要哭就哭,好像她们流泪的机能也似乎特别发达。美国科学家在对300个成人进行综合调查中发现,男子汉平均每5年哭泣1次,女性则平均每月哭泣4次。另外,男子汉的眼泪可滞留眼眶不流出,而女人的眼泪多

"夺眶而出"。此外，男子汉的哭泣可中途"戛然而止"，而女性则不能。

（3）握杯的动作

一个人握杯子的姿势不同，所传出的信息也显现出性别差异。

如果是男人的话，豪爽型男人喜欢紧紧抓住酒杯，拇指按着杯口；有主见的男人则喜欢把杯子紧紧握在掌中，拇指用力顶住杯子的边缘；有些沉思型男子常常用两只手抓住酒杯；还有些男人喜欢用手捂住杯口，这类男人一般善于伪装，不轻易暴露自己的真实思想。如果是女人的话，兴奋型女人喜欢把杯子平放在手掌上，边饮边交谈，这类女人往往活跃好动，给人以"机灵"感；有些女人喜欢用手握住高脚杯的脚，同时食指伸出，有人认为这类女人一般追求金钱、地位和势力，很可能是个"势利眼"；有些女人喜欢边饮边玩弄酒杯，这类女人一般忙于琐事，没有强烈的事业心，也不会有什么大的成就；有些女人喜欢用一只手紧紧地握住酒杯，而另一只手则无意识地划着杯沿，这类女人往往善于沉思；还有些女人喜欢将酒杯紧紧地握在手中，或是把杯子放在大腿上，这类女人一般喜欢倾听别人的谈话。

（4）身体距离

在个体空间方面，男性一般都愿与他人保持稍远的距离，而女性则倾向于和他人靠得近一些。比如，在展览馆里观看展览时，女性之间站得比男性之间就要近得多。

你会发现当男人在一起时，向对方表示友好的方式却是"大打出手"，而当他困惑不解，难以确定某件事时，通常会用生气的语调说："那个人要告诉我到底怎么回事？"当然，你也会发现当女人泪流满面地离开谈话现场时，其实是有人讲话触怒了她。

（5）服饰方面

服饰装扮方面的性差更是显而易见的。一个有6件衬衣的丈夫，不会明白太太何以有30件外套仍说"我今晚没有衣服穿"。他不知道，男人买衣服的目的是要尽可能地与别人外表相似，女人则力求与众不同。于是，如果一个女人不时地逛服装店买衣服，是容易理解的；但如果一个男人也常常这样做，则表明他有自私的动机以及忽略女性的倾向。

如果一个小伙子的习惯性动作有以下几条，则会被认为是"女人气"。

①总是对着镜子梳妆打扮。

②笑时用手掩住嘴。

③走路时屁股、腰肢扭来扭去。

④喝茶等端起杯子，把小指伸出。

⑤走路把提包抱在胸前。

⑥坐下时，将两腿并拢。

⑦把手提袋挂在手腕上。

小伙子的这些习惯性动作为什么会被姑娘们指斥为"女人气"呢？因为这些"身体语言"中存在着性别差异，本来应属女性的显现范围，而小伙子如果也照搬过来，就背离"身体语言"的性别差异原则，混淆了性别差异，自然就会引起异性的厌恶。

2. 身体语言提示

有些时候，我们不用语言表达的行为，也可以打破传统的角色和观念。不论男性还是女性，都有他们的身体语言，例如：

（1）碰触

在工作场合，碰触通常意味着优势，而不是亲密。女性必须知道，她们也可以运用碰触来表达权力，但是这样做有危险，因为别人或许会把这种举动想成与性有关，或认为你这人毛手毛脚。而男性则必须考虑到，当你在碰触女性时，在场的其他人会怎么想。

（2）所占空间

这里所说的空间大至一个办公室的大小，小至笔记本、铅笔在会议桌上需要如何摆放。

女性应该注意自己预定要占用多大空间，同时又容许别人拥有多大空间。男性则可以缩小一点占用的空间，以免运用权力时，使人产生误会。

（3）姿势、身体动作以及穿着

姿势和身体动作都可以表示一个人的权势，自古以来女性的很多姿势都含有附属、顺服的意味，而非代表权力。当女性有必要表达其权势时，可以把动作放大一些，并且让姿势更明显。男性则可以变通一下，譬如多注意自己的姿势所传达的含义，或者试着运用别的方法来表达。

（4）目光接触或移开

目光接触（包括凝视、正视和怒视）能够表示权力地位。大多数社会制度都教导女孩子不可正视别人，从古代开始，女孩子必须有一副柔顺的样子，才能得到别人的肯定。虽然目光接触对两性的重要性都一样，表示你正在仔细聆听对方说话，然而社会还是教导男性利用目光接触来传达权力和发挥魅力。

这是种非常敏感的行为。所以，在与他人进行目光接触

第六章 破解微表情背后的心理含义

时要注意自己的言行、神情。

（5）说得最多、插话最频、最常提出或改变话题的人

男性说话不但比女性多、长，而且比女性爱插话，他们也比较在意其交谈是否能够达到目的。男性会利用语言攻击别人或解决问题；女性则利用语言表示支持、同意、了解和赞许。所以当女性讲话时，男性的话不要那么多，哪怕你的插话是支持正在讲话的女性，这都可以减少男性的霸气。女性则可以拒绝别人的插话，并巧妙地提出和转换话题。

（6）等候

有些女性认为，男性的时间比她们自己的有价值。留意一下，什么时候别人要你等候，以及这件事的含义。当日程安排之后，请尊重彼此时间的价值，对于耗时的工作要公平地分配时间。

第七章
真实还是虚假？
微表情帮你揪出说谎者

　　人们通过做一些表情把内心感受表达给对方看，在人们做的不同表情之间，或是某个表情里，会"泄露"一个人真实的信息——这就是微表情隐藏的秘密。俗话说，知己知彼，百战不殆。掌握了微表情的秘密，你就能成功识别他人的真伪。

说谎者总会留下蛛丝马迹

人是在社会中生活的高级动物，在弄虚作假的"本领"方面，自然不会逊色于某些动物。

为了某种需要，或者有难以直言之处，人们常想隐瞒自己的真正思想情绪，出现口是心非、表里不一的状态。

达尔文有一次半认真地说："大自然是一有机会就要撒谎的。"自然界一些动物具有弄虚作假的本领，这已为科学家所证实。

外国有位作家说："我们几乎在会说话的同时，学会了撒谎。"小孩为避免斥责而撒谎，大人撒谎的动机就多种多样了。可以说，从来没有撒过一次谎的人，世界上是没有的。

于是撒谎也就成了人际交往与沟通中的一种生活的必需。

于是，心理学专家主张通过阅读"体语"去测谎。

在自然状态下，人的表情这一"体语"就比口头言语更能真实地流露内情。

一次，美国加利福尼亚大学心理学教授埃克曼，通过反复看电影，终于发现了他所需要的线索。

这时的银幕上，三度设法自杀而被禁闭于精神病院的家庭妇女玛丽，当她向医生要周末通行证时，在屏幕上显得活泼而自信。她的谈话很有说服力，因而她得到了通行证。但是，随后埃克曼判断出了她刚才是在说谎，她设法出去的真实目的是再次自杀。

第七章　真实还是虚假？微表情帮你揪出说谎者

因为，放慢电影胶片的运行速度，埃克曼发现她的面部表情转为绝望。

这个不易被察觉的表情仅持续了几秒，却泄露了真情。

埃克曼在他的新书《鉴别说谎》中写道：破谎术是一门任何人都能学会的技巧。因为在撒谎期间，多数人不知不觉地泄露出大量的信息。判断真诚与否的关系是密切注意说话者的面部、躯体、声音所发出的信号。他说："说谎者通常是不能控制、支配、掩饰自己所有行动的。"

生活中善意的谎话是为了勉励别人，或者安慰癌症患者所说的谎话，是没有人会产生非议的（对于癌症患者，要不要把实情告诉他，这是很难决定的问题）。

还有一种"幻想的谎话"，为数也不少。有些人整天陶醉在自己的梦幻世界里，经常痴人说梦，自己欺骗自己。这种"幻想的谎话"，如果不很严重或不很过分，也就没有多大关系。

谎话的定义很广。人在行为上所表现出来的虚伪，也是谎话的一种。有一种人，在人前一本正经，说的话也非常动听，可是他在独处时的一举一动，却与人前所表现的截然不同。

埃克曼归纳出了撒谎者会流露出来的一系列表情特征，从而为人们提供了许多有益的识别日常说谎者的方法：

拖长的微笑或拖延的惊讶表情可能是虚假的，几乎所有真实可信的面部表情4—5秒后就会消失。

说谎者的面部表情和身体动作通常不是同步发生的，猛敲一下桌子而停顿下来才显出怒容的人可能正在作假。

扭曲的或不对称的面部表情通常是欺骗人的。

接受实验的人中，当他们心烦、担忧、生气时，70%的人音域会突然提高。这是发现他们可能在说谎的一条线索。

讲话中常发生言语中断和口误、奇怪的停顿等现象，这也往往可以看出是在说谎。

技艺高超的破谎者会非常注意观察人的面部肌肉活动。因为对大多数人来说，一些面部肌肉活动反映了一个人真实的心理状态。例如，真正悲哀的人，内眉角上挑。说谎者有一个富有启发性的特点，随意移动眉毛的这一部位，而不说谎的人只有大约10%的时间移动眉毛的这一部位——内眉角。

压制感情的面部表情一闪，迅速又恢复常态，这也是说谎者的表情特征之一。

撒谎的重要迹象是在姿势这一"体语"方面出现"泄露标志"。一个伪装面部表情的人，常会在体姿方面泄露天机。如某人撒谎时，指指点点、比比画画的手势，往往戏剧性地出卖了自己。

手势不易伪装的原因在于，当人的大脑进行某种思维活动时，他的大脑会支配身体的各个部位发出各种细微信号，这是人们不能控制而且也是难以意识到的。当人做出一种伪装手势的时候，他的细微信号和他的有声语言就会出现矛盾。

撒谎者的音调和用词特征：一些研究表明，当一个人撒谎时，他的平均音调比说真话时高一些。

《宋书·刘怀慎传》记载，宋世宗的宠姬殷贵妃死了，丧事甚隆，但臣民很少下泪者。一日皇上见一人名唤羊志者，哭之甚哀，即加恩赏，人们下来问羊志，何以有那样多的眼泪，羊志说："我哪里是哭她，是哭我自己死了老婆。"宋世宗凭着直观没有把羊志看透，这说明了一个浅显的道理：没

第七章　真实还是虚假？微表情帮你揪出说谎者

有大脑的科学全面的分析判断，光靠眼睛是靠不住的。

"阅读"体语最易犯的严重错误，也是这种"直观盲目症"，即只观其一，不看其二。

人体语言同其他语言一样，包括单词、句子和标点符号。每一种表情，每一个姿势，都像一个独立的单词，在不同的句子中可以有几种不同的意思，只有当你将这个"单词"放在一个具体的"句子"里时，才能完全理解它所表达的意思，所以在"阅读"时要注意联系。

在交往中，不少人有"怯场"的现象，即在大庭广众面前感到不自在，这就是社会心理学上所说的"社会顾虑倾向"。在这种倾向的影响下，有时人们的"体语"也会发生变化。这也给正确地"阅读"体语增添了复杂性。

说谎的人本身就是一个弱者。假如一个人具有深刻的洞察力，随时能够判断什么事应当公开做，什么事应当秘密做，什么事应当若明若暗地做，而且深刻地了解这一切的分寸和界限，那么这种人是有智谋的。而对于这种人来说，说谎不仅不必要，而且足以成为一种弱点。但对于一个不具备这种洞察力的人来说，那么他就不得不经常依靠诈术欺人，从而成为一个骗子。

欺人之术有三种。第一种是沉默。沉默就使别人无法得到探悉秘密的机会。第二种是消极地掩饰。这就是说，只暴露事情中真实的某一方面，目的却是掩盖真相中更重要的那些部分。第三种是积极地掩饰。即故意设置假象，掩盖真相。经验表明，善于沉默者，常能获得别人的信任。因为沉默者有机会听到更多别人内心的声音，因为没有谁会愿意向一个长舌人披露内心隐秘。

一个善于沉默的人,常显得有尊严。所以说,善于沉默是一种修养。

装假有时是必要的。尤其是在一个人对某事知情,却又不得不保持沉默的时候。因为对一个可能了解内情者,关心的人一定会提出各种问题,设法诱使他开口。许多人之所以说假话,有时正是为了保持必要的沉默,而不得不穿上的一件罩衣。

经常做伪者绝不是高明的人而是邪恶的人。一个人起初也许只是为了掩饰事情的某一点而做一点伪,但后来他就不得不做更多的伪装,以便掩盖与那一点相关联的一切。

做伪的需要来自以下几点:第一,是为了迷惑对手;第二,是为了给自己准备退路;第三,是以谎言为诱饵,探悉对手的意图。正像人们所说的那样:说一个假的意向,以便了解一个真情。

但做伪有三种害处:第一,说谎者永远是虚弱的,因为他不得不随时提防被揭露。第二,说谎使人失去合作者。第三,这也是最根本的害处:说谎将使人失去人格,毁掉人们对他的信任。因此。比较明智的做法,就是为人处世要正直真诚,说话要注意分寸,必要时应学会保持沉默。

说谎者的常见微表情

1. 表情特征

在自然状态下,人的表情这一"身体语言"就比口头言语更能真实地流露内情。让我们先来看一看撒谎者的表情特征吧。

以下这些表情特征被国内外许多专家研究证明为破谎信

第七章 真实还是虚假？微表情帮你揪出说谎者

息：面部表情尴尬、不自然，或突然无缘无故地脸红起来；额头出汗，不时眨眼；不时故意干咳；说话时眼睛旁观左右，与对方的目光相接往往不足谈话时间的1/3。

然而，上述依据表情之"肢体语言"去测谎的方法，需附上一个重要说明，即使最优秀的破谎者也不能百分之百地准确无误。因为人的情绪的生理反应是因人而异的，同样遭受惊恐刺激，有人脸色发白，有人却脸红；同样在紧张时，有人心跳加速血压升高，有人血压升高但心跳不变。

另外，同样是脸红，可以是害羞、受窘和愧疚，也可能是激动、振奋和欢乐，甚至可能是愤怒。不敢直视你的人，可能正在撒谎，也可能只是担心被说成在撒谎而显得坐立不安，而由疾病引起的说谎者则经常不易察觉。

因此，只有结合当时的情境、特定的对象及人的各种动作和说话的腔调等"肢体语言"，才能推断出真正的内情。

2. 撒谎者的音调和用词特征

通过注意一些人的音调和用词特征，可以辨别他是否在撒谎。一些研究表明，当一个人撒谎时，他的平均音调比说真话时要高一些。下述的这个实验就可以证实，"听声"能判断出一个人是否在撒谎。

在一群大学生听过几位隐藏起来的人说话后，要求他们判断隐藏者说的话是真是假。隐藏者说的是诸如"我戴着一条绿色领带""我的名字是×××"，或者"我早餐吃的是面包和鸡蛋"等短句子，结果绝大多数学生的判断是正确的。但多次的实验证明，判断女性是否撒谎比判断男人是否撒谎的准确率要低。或许是女性天性的音调就比较高吧。

借助肢体表情辨真伪

美国一位研究人体语言的专家指出，人类大多数的笑和面部表情只不过是一种用来控制其真实思想情感的"面具"。

事实上，不管出于何种动机，人们都可能以某种"肢体语言"来掩饰其真实心理。有时是夸大表情动作，有时则不露声色。有些人笑口常开，却心怀鬼胎，即所谓"笑里藏刀"，有些人内心翻腾外表却极其平静，此为"卒然临之而不惊，无故加之而不怒"的大将风度。

威廉·荷加斯指出：

"一个坏人，如果他善于伪装，能够调动肌肉，使肌肉的活动与自己的感情相反，根据他的外表，就很难判断出他的性格。"

"肢体语言"的"文饰性"，无疑向我们提出了一个严峻的课题：阅读"身体语言"须辨伪。不然的话，就会如同一位古人所说的那样，"度表扪骨，指色摘理，不常中必矣"！

有人把微笑这一"身体语言"比喻为交际中的"通用货币"，人人都能付出，人人也都能接受。然而在微笑背后依然藏着许多秘密。有人指出，微笑确实像"货币"一样，有货真价实的，也有虚假伪造的。某些人的微笑也可能表示玩世不恭、狡黠、略带猜疑；或者相反，显示出某人的天真无知，对周围的一切完全信任。

一个人在感到窘迫时，有时也会故意微笑一下以作掩饰，或力图摆脱困窘。

第七章 真实还是虚假？微表情帮你揪出说谎者

最神秘的微笑，无疑是达·芬奇所画的著名的《蒙娜丽莎》了，画中的蒙娜丽莎似笑非笑，似蹙非蹙，似喜非喜，似颦非颦，神秘莫测，她的表情至今还被世人称为"神秘的微笑"。

"恼在心，笑在面"更是一种伪造的"交际货币"。比如，正在接受交警训斥的违章司机，为了避免把事情搞得更糟，往往故作笑脸；有些人，比如市场上的某些个体商贩，当工商人员检查他们的营业执照时，也往往边出示证件，边笑脸相赔；两个演员在后台可能互不理睬，然而一旦登台演出，他们就得"忘记"个人"私愤"，为观众而把戏演好；一对夫妻在家中可能正在生气，一旦有客人来访，他们便会装出没事的样子，故作笑脸去迎接客人等。

那么，如何辨别微笑这一"交际货币"的真伪呢？

第一，真实的微笑应该包括两组肌肉的运动，一组是将嘴角往上牵动的颧骨肌；另一组是环绕眼睛的括约肌。由于大多数人不能自觉地牵动这些眼部肌肉，因此假笑者只能牵动嘴角，眼睛却是无动于衷的。

第二个"秘密"是假笑者的笑脸出现不对称的现象，一般来说，他如是一个左撇子，则他的右半脸特别强烈，而如是右利手（不是左撇子者），那么他的左半脸会尤其做作。

其实，真笑和假笑在婴儿时期就表演得清清楚楚了，一个五个月的婴儿就能用两组肌肉群对他母亲发出会心的微笑，但对一个完全陌生的人却只运用颧骨肌微笑了。

还需要指出的是，肢体语言和文字语言是相辅相成的，仅依赖文字语言，我们永远也不会明白一个人说话的完整含义，光凭肢体语言也不能告诉我们一个人的全部想法。在一次交谈中，只注意别人的讲话和只注意别人的肢体语言一样，都不能使我们获得确切的印象。只有注重二者兼顾、综合观察，才能有所得益。

这就提醒我们，"阅读"肢体语言，了解一个人的内心世界，断断不可患"直观盲目症"，切切不能静态地观察。我们只有依靠自己在社会生活中所积累的生活经验，根据对方的一系列情况，才能较为正确地"阅读"，从而较为准确地做出判断。

我们阅读"肢体语言"，必须向人这个整体说话，必须适应人的这种丰富的统一整体，这种单一的复杂体。

在科学系统的方法面前，在善于学习、善于总结经验的人面前，肢体语言之"谜"是可以迎刃而解的。

闻其声而知其人

在生活中我们会经历各种各样的谎言，只是有些微不足道，所以不必过分较真儿，有的谎言又是善意的谎言无须识破，然而还有一些谎言可能会对我们的生活有一些或大或小的影响。在日常的交往中，怎样识别对方所说的是谎言呢？

其实无论是微不足道的小谎，还是别有用心的谎言，它们都会有一些共同的特点，只要注意这些特点不难识破对方是否在说谎。在确定对方说谎后，要看他的动机何在，若是危及自己或者别人时，那么该出手时就要出手了。

1. 声音

说谎的时候，大部分人都会发生音调的变化，比如声音会忽然发哑，嗓门忽然变粗，这些一反常态的表现都表明他有

第七章 真实还是虚假？微表情帮你揪出说谎者

说谎的嫌疑。相关研究表明，虽然人在说谎的时候会在行为举止或表情上发生变化，但是声音的非正常变化尤其特别。包括说话速度变得更快或更慢，甚至呼吸的节奏也有变化。

2. 眼神

一般人在说谎的时候，眼神会游移不定，或者眼神涣散不集中。专家们研究发现，如果某人在思考疑难问题时眼睛走神，这是可以理解的，并不意味着撒谎。可是当回答一些很容易回答的问题时却出现飘忽的眼神，这就有撒谎的嫌疑。在交谈中要注意对方对正文话题的反应。如果某人遇到使其感到羞耻的话题时，他的眼神就很难保持注视的状态。但在善意撒谎时，人的眼神会更为专注。

3. 笑容

撒谎的时候，笑容往往极不自然，假笑的目的是掩盖恐惧、愤怒、悲伤或厌恶情绪。假笑是皮笑肉不笑，而发自内心喜悦的笑不仅需要嘴唇的运动，而且需要眼睛周围肌肉的配合。如果你善于观察，就会看出说话人暴露出的情绪。

4. 行为举止

人在撒谎的时候，往往会下意识地伴有一些不自然的小动作。比如手势的细微变化，耸肩。比如平时最爱说话的人遇到关键话时却缄口无言；或者平时沉默寡言的人却变得滔滔不绝。

由于潜意识的作用，撒谎的人在说谎时会不自觉地留下一些语言的"破绽"。大部分谎言在语言表述上都可能具有以下几个方面的特征。

（1）表达时信息过量

表达时信息过量之所以成为谎言的破绽，是因为它是一种反常的表达方式。通常人们的言语交际总是尽可能使话语语义信息适量,根据对方的需要提供信息,不提供不需要的信息。信息过量违反了这种常规,因而容易引起对方注意。而说谎中的信息过量都不是说谎者的本意所为,而是他的表达失误。信息过量的失误是因为经验不足,矫揉造作,老想着把谎言编得更圆满。因此识别这种谎言时如能同时注意到说谎者表情动作的不正常,则能更有把握识别它。

（2）表达的内容避免细枝末节

在撒谎时通常会避免说一些细节,由于紧张或内心矛盾等原因,而一时无法把证明谎言具有"真实性"的某些详细内容说出,故而造成该谎言比通常交际信息量更加简略的现实。如果他在说谎,他不仅要虚构一个根本不存在的故事,而且还要编得让人信服,所以他会非常心虚。在这几种压力下,他还编得出细节吗？所以大多数时候,说谎的人都是诉说一个故事的梗概就完了。

德国研究者菲德勒和沃尔卡归纳出了七种准确率极高的辨别撒谎者的线索,其中前三种都是体态语言的表示：第一,假装微笑；第二,头部动作少、僵硬；第三,自适应性动作（为了让自己感觉舒服,如摸鼻子、紧握双手、搔头等）频率增加。所以明察秋毫地注意到说话者的这些体态语言并进行分析,就可以判定谁在说谎。

第八章
掌握微表情，制霸社交圈

马卡连柯曾说："学会在脸色、姿态和声音的运用上能做出二十种风格韵调的时候，我就可以变成一个真正有技巧的人了。"

在生活与工作中，读懂微表情，熟练运用微表情，会让你在心理博弈中占得先机与优势。

微表情是世界上共同的语言

微表情是内在情感的外部显现。它通过眼神、面部肌肉运动、手势等诸多无声的体态语言将有声的语言形象化、生动化,以达到先"声"夺人、耐人寻味的效果。它能充分弥补语言表达的不足,并可帮助受话人深刻、准确地把握言事意旨,有效地防止因言语表达的空泛而带来的误解。在长辈直言怒斥后生时辅以爱抚、安慰和眼神,会叫人心悦诚服;在妻子需要袖手旁观的丈夫做家务帮手时,伴有一个亲昵、温柔的举动,会让丈夫饶有兴趣地参与;在向下属吩咐工作时附上一个善解人意的微笑,则能令人心情舒畅愉快,潜心攻关,如此等等。多一点抚慰,少一分隔阂;多一点微笑,少一分误解。灵活有效地使用体态语言,给平淡乏味的语言润色,就会避免因语焉不详而导致的言语沟通中的麻烦与障碍。

人的微表情并不神秘。在日常生活中,有许多微表情是我们大家所熟知的。为人们所熟知的比较容易察觉的微表情有以下各种。

五官:眉毛上扬表示询问和质疑,眼睛睁大表示惊疑、欣喜或恐惧;鼻翼微微掀动可能是心情激动的反应;微笑是肯定的象征,具有向对方传达好意,消除不安的作用。

面部:脸红常由于害羞和情绪激动;脸色发青往往出现在强烈气愤、愤怒受到抑制而即将暴发之前;脸色发白常常是由于身体不适或在精神上遭受了巨大打击。

躯干:呼吸急促时,胸部或腹部会起伏不停,这是极度的兴奋、激动或愤怒时的表现；肩部微微耸动也可能是抑制激动、悲伤或愤怒的流露；挺胸叠肚是满不在乎的表示；哈腰弓背是畏缩退让的表示。

四肢：手指轻敲桌面和脚尖轻拍地板可能是内心焦躁不安；手、手指发颤是内心不安、吃惊的表现；手臂交叉可能是一定程度的警觉、对抗的表示。

上述这些微表情的表现我们似乎都不陌生，只是没认真想过罢了。这说明人体语言就在我们生活和商务活动当中。当然，微表情还远不止这些。总而言之，微表情是一种人人都能"读"懂的最大众化的语言。

培养洞察力是运用微表情心理学的关键

我们平时在和别人交往的过程中，根本不会注意到对方的身体所发出的信号。我们要清楚，仔细观察对方身体一举一动的重要性，和专心致志聆听对方讲话是一样的。可以作一个假设，如果我们在听别人讲话的时候耳朵里面塞着耳塞，那我们如何能听清楚别人讲话的内容呢？这是一个多么愚蠢的做法。同样的道理，我们不注意别人细节的变化也像给自己的眼睛戴上了眼罩一样，我们如何能理解别人的身体信号所要传达的意思呢？

其实这些身体语言并不难发现，只是我们一直疏忽。所以，大多数人不会注意到周围世界的细节变化，他们也就不会意识到自己的周围有一个丰富多彩的世界。一个人手脚的动作可能与他的思想或目的大相径庭，但是却没人发现。

大侦探福尔摩斯破案的故事，已广为流传，脍炙人口。

形形色色、离奇古怪的复杂疑案，一经福尔摩斯的侦查分析，蛛丝马迹毕现，真相大白。在作家柯南·道尔的笔下，福尔摩斯完全是一个学识渊博、观察力非凡的人。

在《福尔摩斯探案集》中，福尔摩斯对华生职业的判断让人叹为观止，他说的话译文如下：

这一位先生，具有医务工作者的风度，但却是一副军人气概。那么，显见他是个军医。他是刚从热带回来，因为他脸色黝黑，但是，从他手腕的皮肤黑白分明看来，这并不是他原来的肤色。他面容憔悴，这就清楚地说明他是久病初愈而又历尽了艰苦。他左臂受过伤，现在动作看起来还有些僵硬不便。试问，一个英国的军医在热带地方历尽艰苦，并且臂部负过伤，这能在什么地方呢？自然只有在阿富汗了。

在福尔摩斯侦查的过程中，他绝不只会将自己的目光放在一件事情的表面上，他会牢牢抓住那些与案件有本质联系的细节，进行深入细致的观察。观察是一种有目的、有计划、有步骤的知觉，它是通过眼睛看、耳朵听、鼻子闻、嘴巴尝、手摸等去有目的地认识周围事物的心理过程。在这当中，视觉起着重要的作用，有90%的外界信息是通过视觉这个渠道进入人脑的。因此，也可以把"观察"理解为"观看"与"考察"。

日常生活中，我们总会听到这样一些抱怨："我妻子提出要跟我离婚，可我竟丝毫没有察觉她对我们的婚姻有什么不满。""辅导员告诉我，我儿子已经吸食可卡因三年了，但是我一直都不知道。""我正在与这个人争吵，没想到他竟然打了我，我之前竟然没有察觉到。""我以为老板对我的工作很

第八章 掌握微表情，制霸社交圈

满意，但是没想到他却把我解雇了。"

这都是因为我们忽略别人身体语言的结果，正是因为我们常常忽视那些细枝末节的动作和表情，所以才有了我们嘴里常常说出的"想不到"。

幸运的是，这种本领是可以学会的，而我们也不用一生都过得糊里糊涂。另外，既然是一种技能，我们就能通过培训和练习让它变得更加精湛。如果你在观察力方面遇到了"挑战"，千万不要气馁。只要你愿意花时间和精力不断地观察周围的世界，这个困难是可以克服的。

第一，要有明确的观察任务。在确定任务的时候，可以把总任务分解为一系列细小的和逐步解决的任务。这样可以避免知觉的偶然性和自发性，提高观察的积极主动性。

第二，观察的成功与否主要依赖于是否具备一定的知识、经验和技能。俗话说："谁知道得最多，谁就看得最多。"一位富有学识的考古学家，能够在一片残缺不全的乌龟壳（甲骨）上，发现不少重要而有趣的东西，而一个门外汉，却一无所得。

第三，观察应当有顺序、有系统地进行，这样才能看到事物各个部分之间的联系、关系，而不至于遗漏某些重要的特征。

第四，要设法使更多的感觉器官参与认识事物的活动。这样一来，不仅可以获得事物各方面的感性知识，而且所得到的印象也是深刻的。

第五，观察时应当做好记录。这不仅有益于收集和整理所观察到的事实，而且也有助于提升观察的准确性。

我们在生活中每天都需要与人进行交流，掌握准确的观察人的方法，把握好人际交往中的微妙关系，你就可以在芸芸众生中脱颖而出，成为人际交往中的焦点人物。

精准识别微表情，避免"瀑布心理效应"

信息发出者的心理比较平静，但传出的信息被接收后，却引起了信息接收者不平静的心理，从而导致态度行为的较大变化。这种旁人一句随便说出的话，却弄得听者出现很大反应的现象，在心理学上被称作"瀑布心理效应"。因为它像大自然中的瀑布一样，流出时平平静静，而遇到了某一峡谷就会一泻千里，浪花飞溅。

毕业不到半年的杨玉霞在一家企业担任企划人员。当初进公司的时候，她就因仅有大专学历而差点被拒之门外，因为招聘简章上明确要求应聘人员一定要有大学本科及以上文凭。要不是杨玉霞用软磨硬泡的方法打动了招聘人员，她连面试的机会也没有。幸运的是，面试那天，正好有人缺席，在公司急需人手的情况下，她得到了这份工作。然而，报到那天，部门主管在看她简历时微微皱了皱眉的样子，深深地印在杨玉霞的心中，她想，主管一定是对自己的学历不满意。

此后，杨玉霞就特别留意主管对自己的态度，在工作中也是小心翼翼，她就怕一不小心犯了错，受到主管的轻视。但是，百密一疏，工作了两个月后，杨玉霞还是犯了错误。

公司十周年纪念日，要举行庆祝活动。为了扩大影响力，公司特意邀请了一位重要的市领导参加庆祝活动。杨玉霞负责把庆祝晚宴的座位卡放到每张桌子上。事情就出在一张小小的

第八章 掌握微表情，制霸社交圈

座位卡上——她把老板的名字放在最主要的位置，而把市领导的座位卡放在了次要位置。开席之前，也没有其他人员进行检查，等到大家都走进了宴会厅，老板陪同市领导入座的时候，才突然发现自己的座位跟市领导的座位安排反了。当时，市领导的脸色有些不自然，老板更是又尴尬又着急，赶紧让市领导坐在主席位。经过一番客套的谦让，市领导终于落座了。

这件事情被主管看在眼里，晚宴结束后，他找到杨玉霞，语重心长地说："年轻人做事毛躁，考虑不周可以理解，不过以后要注意这方面的问题，千万不要再出现这样的失误啊！"

杨玉霞低着头没有吭声，心里却波涛汹涌，无法平静。这在别人看来，可能是很普通的一句批评，甚至只是善意的提醒，却被杨玉霞视为奇耻大辱，她认为上司一定是对自己的学历耿耿于怀，所以借这件事数落自己。

主管那句批评的话，就像烙印一样，深深地烙在了杨玉霞心里。在以后的工作中，主管偶尔也会因为工作上的事情说她几句，就算真的是她做错了，她也偏激地认为是主管在有意找碴儿批评她，想借机逼她辞职。

几个月后，再次受到主管的批评后，杨玉霞坚决地辞职了。

尽管主管一再挽留，她还是坚持认为，主管只是表面上挽留自己，实际上恨不得她快点离开。她觉得，这种只重学历不重实际能力的公司，不值得她留恋。

而事实上，主管从始至终都没有介意杨玉霞的学历，他初次看到她的简历时皱了皱眉头，的确是因为对公司突然降低学历要求招聘了一名大专生感到意外，但并没有因为学历而看低杨玉霞，之后他对杨玉霞的批评也非故意，只是出于工作的需要罢了，仅此而已。

一个微小的皱眉动作，一句很普通的批评，却被杨玉霞认为是主管不满自己的学历，找机会数落自己，逼自己辞职。最后，她无法保持内心的平衡，主动放弃了一个难得的工作机会。杨玉霞对待主管的表情和行为的态度，就是典型的"瀑布心理效应"。

瀑布心理是一种反应过激的心理。尤其不适合存在于关系敏感的人际中。我们经常会出现传出信息与接收信息的情况，如果对人的任何一句话都非常敏感，思前想后，按照自己的思维任意放大和联想，那么，很可能简简单单一句话，就会被引发出无数的"潜台词"，从而给双方带来一些完全没必要的困扰。

"己所不欲，勿施于人"，对方一句随意的话很可能会引起我们内心的巨大波澜，那么反过来，我们不经意的一句话，也有可能在对方心里掀起轩然大波。所以，如果你想成为一个受欢迎的人，就必须时刻提醒自己说话做事要掌握分寸，避免自己的一句话或一个小小的举动引起强烈的"瀑布心理效应"。跟同事说话的时候，一定要注意措辞，以免"祸从口出"。

社交中妥善运用微表情

1. 表现出专心听讲的姿态

听话的技巧有两种形态表现：一是真正倾听；二是故作

第八章 掌握微表情，制霸社交圈

姿态。

以前者而言，最能获取说话者的信任，说话者可放心说出真心话，根本不必担心听话者会误会你的意思。

至于后者，为保持谈话气氛，不时以点头回应，其实什么也没听进去。以上两种倾听方式显然可以避免尴尬，但所表现出的态度有天壤之别。

有些人与别人说话很容易投机，有些人则不然。后者通常令人感到沟通困难，但前者是否就能完全信赖呢？这不能一概而论。表面上，前者较能博得别人喜欢，一般人也愿意对他说出一切。不过这种类型的人很可能会传话，说出他人的隐私，以后，对方往往会从别人口中听到自己说出的秘密，结果破坏了彼此间的感情。由此可见，和人说话很容易投机的人有时也不可太过相信。

有这样一本日记体的著作，书中内容完全以记载作者的日常生活琐事为主。作者是任职于某公司的秘书，向来守口如瓶，绝不轻易传话，所以很受上司赏识。

由于他具有这项优点，不仅是上司，连其他同事也十分信任他，肯对他吐露心事，他的人际关系也因此而巩固。这样的人才可称得上是真正具备"有听话涵养"的人。

可见，听话时所表现出的真心态度能传达给对方，获取对方完全的信任，而能让对方放心说出一切。"真心"可说是听人说话的必备条件，如果听话时，视线到处转动或手摇脚晃，必然会引起对方反感，从而产生戒心。

2. 眼睛应放置哪里

一面看对方脸部一面听对方说话，是谈话的基本礼仪，尤其是视线最重要。假如眼睛盯着对方，对方一定会产生压迫感，相反，谈话时不专心看对方，也易引起对方误会。从"眼睛与嘴巴相同重要"这句话就可知，在交谈中，留给对方的印象因视线不同而大不相同。

因此，如果想从他人嘴里获知一些消息时，需先表现出你的诚意，但说话时避免瞪着对方。然而，看人眼睛听人说话并不那么简单，特别是与初次见面的人交谈时，往往会觉得十分难为情，这是因为一般人都难以接受这种眼光。

若是有机会到日本高崎山参观猴园，一定会发现园中竖立一块写着"请勿盯着猴子的眼睛"的大招牌。这当然与猴子被看后会兴奋吵闹有关。此外，即使盯着婴儿不放，婴儿也可能因害怕而号啕大哭。成人虽不至于如此，但面对面时被人凝视，难免都会紧张，甚至提高警觉。不可否认，看着人说话确实是门深奥的学问。

那么，眼睛应放在哪里？关于这个问题，有各种答案，比方说，在对方身上设定固定区域，而将视线放在被设定的范围内。所谓固定区域，是指上下各以双眼的连接线及腹部为限，左右则以肩宽为准。视线投在这范围内不仅自然，而且一般会给对方留下较好的印象。

但话又说回来，如果视线不停在这范围内打转，同样会令人不安。因此演员们都以为，视线应放在眉间或脑门上才是。

也有人主张将视线置于嘴角或鼻子上。嘴巴与鼻子亦为脸上的迷人重点，不过对这两部位没自信的人，并不希望人看。而眼下部分通常被人忽视，所以不妨将视线放在这里。

话虽如此，但视线仍需配合当时的情况做适当调整。当然，最重要的还是认真听话。只要努力将此表现于态度上，对方自然了解你的热诚。

3. 倾听的姿势

"身体语言"这名词现在再度流行。它的意思是说，利用面部表情、肢体动作或姿态，将自己的意思传达给对方。我们往往会在无意中在身上表现感情，例如充满信心时，自然而然地会抬头挺胸，反之就会垂头丧气，一副无精打采的样子。

在谈话方面，说者也会观察听者的身体语言，判断对方的接受程度。这就是为何听人说话须注意自己的身体语言的原因。

例如：上身向后仰靠在椅背上，可能会引起对方厌恶，认为"这家伙盛气凌人"，但如果弯腰驼背，不免要遭人误解，"这人怎么没有一点自信"。因此，上述两者的姿势均不宜表现于谈话中。

同样，手脚交叉可成为破坏对方谈话兴致的致命伤。据有关心理学家的研究，双手交叉意味着排斥他人保护自己，而谈话时，采取这种动作，当然会引起对方不悦。

在美国社会，双脚交叉习以为常，但这却不适用于我们中国社会。不论在内地还是港澳台，甚至在国外的华人社会，这种动作往往会造成目中无人的错误印象。如此说来，听人说话宜采取什么姿态？很简单，就是倾耳而听。因为如果关心对方说话，身体自会倾向说者那方，表示认真听讲，不会疏漏任何一句话。所以身体前倾的姿势最能博取说者好感。

据某资深推销员表示，推销物品与拍照按快门相同，均有最佳时机。即使顾客推辞很忙，对谈中亦有瞬间倾身时。而这瞬间的动作即推销的大好机会。他说，这时间仅仅有六分之一秒，千万不能错过，应紧紧把握，使出最具效果的推销战术，就能达到目的。

这倾听的动作可谓听人说话的基本姿势，在沟通技巧上，称为"倾听法"。将此方法运用于交谈中，可将自己的热诚传达给对方，使得对方说出真心话。至于推销是否能成功，也与推销员的肢体姿态息息相关，若能认真倾听，自能获取顾客信任，使交易成功。

从另一角度看，变换姿势也可判断说者的诚意或兴趣浓厚与否。如果将谈话比喻成投球游戏，说者往往会确定听者的反应，再配合反应改变说话态度。

综上所述，说者专心投入谈话中，听者自然会倾听。但如果说者仰身而谈，流露出自以为是的表情，那么听者当然不热衷。为改善这种情形，听者不妨努力表现认真听讲的态度，如此将可能影响说者的态度。

4. 谈话声调改变时

有位作家在文坛享有"名嘴"之美誉，他的演讲场场爆满，这当然与他的讲题有趣、内容充实与说话幽默有关。例如文坛聚会时，只要他开口，原本喧哗的会场，就立刻悄然无声，所有的眼光都集中在他身上。但如果他已开始说话，会场仍是闹哄哄时，他便会改变以往温柔的口吻，而大声喊叫："不要吵！"会场顿时安静下来。

另有一位教授，同样具有吸引人的演讲能力，不过当他碰到与这位作家相同的情况时，却采取全然不同的战略。他会尽量放低声调，很快会场也会安静下来。

由这两个例子可推论，改变声调是唤起听者注意力的利器。

现在，我们站在听者的立场来看，改变声调确实具有深远的意义。如上例中的作家或教授均可观察听者的反应，为促

第八章　掌握微表情，制霸社交圈

使他们用心听讲，而适时改变语气。如这般做法，不仅适用于演讲等一对多的沟通中，即便用在一对一的谈话上也相当适合。

在谈话中，若是说者突然改变声调，即表示说者不满听者的态度，似乎在表示"我如此用心，你却表现如此"。因此，听者一旦察觉说者改变口吻，须立刻自我检讨是否听话态度不佳。为表示对说者的热烈欢迎，听者应专心听讲才是。

有位大公司的经理曾说，他听属下发表谈话时，往往假借各种语气或姿势，以试探属下的反应。据他表示，只要他在谈话中东张西望或转动椅子，原本专心说话的属下马上会改变声调，充分显露出过分紧张的态度。相反，他自始至终用心听讲，属下也会报以相同的态度。

如此看来，说者的态度将随听者的反应而改变，彼此之间相互影响。若是想听到内容充实的谈话，听者必须注意本身的态度，并且采取倾听的姿势，如此必然会受益匪浅。

5. 当听不清楚时

过去有位广播节目主持人相当受欢迎，他除了能言善辩外，还善于和老年人拉家常。有一次，他安排访谈节目，受访者都是来自全国各地的老年人，其中有的重听，有的口齿不清晰。然而，任何人和他交谈都能感到轻松自在，毫无拘束感，所以这次访谈非常成功。

到底他使用什么技巧，让人能在轻松愉快的气氛中谈话呢？原来他听不清楚对方说话时，便不再追问。例如，对方声音传不到麦克风，他即向前注视对方的脸，并且问："您刚才是不是说……"使谈话得以顺利进行。试想，若是反问："您刚才说什么？"对方为清楚表达，难免会表现出紧张的神色，如此将会影响访谈的效果。

177

在日常生活中也是如此，我们也常常听不清对方谈话。举例来说，与方言口音重的人交谈，往往不能完全了解他说的每一句话，这时如果每句都反问就很不礼貌，而不问清楚却又难以沟通。因此谈话中，"应答"扮演着重要的角色。

除此之外，当对方音量小而听不清时，亦需妥善处理。若是熟悉的朋友可直接要求说大声，然而却不能如此对待那些年长的或尊贵的客人。

在平时听不清楚对方说话时，往往会"嗯"一声或是说一句"大点声""慢一点"之类的话，同时凑上耳朵。虽然经常反复如此也有些失礼，不过却能彻底了解谈话内容。

若想听清楚对方谈话，摆出身体靠近的倾听姿势，使脸部自然接近对方是必需的。因为，这动作可提高对方的谈话兴致，能专心投入谈话中。

一般年纪大的人听力都会减退，因此需以简单明了的话来确定所谈内容，尽量避免使用艰涩的字句。总之，听者在谈话中多注意细节，不但能使交谈顺畅，也能造成话题丰富的谈话。

6. 避免召唤对方

令行禁止可说是推动公司迅速发展的主要条件之一，如果传达出的命令形态仍停留在下达阶段而不执行，那就是组织已僵化的公司。在这样的公司中，即使年轻职员有任何新构想，也难以获得发挥的机会。

相反，发展良好的公司，十分重视与采纳年轻人的意见，整个组织总是呈现出蓬勃朝气。一般公司主管通常会召见属下谈话，很少移樽就教的。而这种有朝气的公司则不然，即便是位高权重的董事长，也会主动到属下工作的地点谈话。

第八章 掌握微表情，制霸社交圈

从属下立场来说，上司主动来见无疑是一帖兴奋剂，能提升工作情绪、增加工作效率。到陌生的主管办公室去，大多数人会不自在，因而无法表达出所有的意见。

但由主管主动找属下，必然改变整个情况，彼此之间等于是站在同等地位，自然能在轻松气氛中自由交换意见。

对于我们一般人来说，无论是接洽生意或与人商量事情，采取主动往往能促成好事。原因是采取主动是表示谦虚，容易打动对方，而报以热诚的沟通。

相反，召唤对方来谈话，除了花费对方的时间与体力外，还会造成对方的心理不平衡，认为自己被人支使，如此必然会影响谈话。加上在并非自己所熟悉的场所，情况就会更加紧张，严重破坏谈话的情绪。这情形好比接到手机费或取暖费缴款通知单，缴费时难免心里犯嘀咕。

就心理学的立场来看，人的行为同时受个性与环境所影响。一般人到陌生环境都会不自在，而会想尽办法保护自己，所以谈话环境往往十分重要。尤其是想从对方身上听到真心话时，到对方公司、家里或对方熟悉的场所，才是明智之举。

7. 服装方面须协调

与人交谈除了需注意谈话的语气、表情等细节外，服装问题亦不容忽视。

有位记者就很注重这个问题，每次采访前，她必定先确定对方当天的穿着，然后配合对方，选穿一套最能与对方搭配的服装。

这种配合方式能拉近彼此之间的距离，也能制造轻松愉快的气氛，让对方能自由谈话。倘若双方的服装相差悬殊，比如一个人穿唐装，一个人穿休闲装，可能有碍采访工作。

时下的年轻人都追求时髦，穿着时装通常不考虑时间、地点和场合，根本不重视"服装与谈话关系"的重要性。不仅是年轻人太随意，大部分人可能不了解着装规矩，因此也都忽略了。但事实上，在各种场合中，听者的服装往往会带给说者微妙的心理变化。

有心理学家观察过，假如A为了个人感情问题而请教B，如果B的服装色调暗淡，那么A的情绪会产生什么变化？原本满腹苦恼，想一五一十说出，现在却不想说了。这显然与B的服装有关。

同理，在我们的生活中若想找人帮忙解决问题，应避免穿着会引起对方忧愁的服装。

除此之外，太过华丽的打扮亦不适宜。以戏剧中的人物作比喻，听者是配角，说者才是主角，配角的豪华服装当然会抢尽衣着朴素的主角风采，变成一种喧宾夺主的局面。因此，配角的服装必须适当与主角相互搭配。

所谓适当的服装，是指适合对方个性、谈话内容或谈话场所的服装。一般人应该需具备这种知识，考虑服装款式、颜色等，挑选出能表现本人风格的服装，以便能促进谈话效果。

8. 对初次见面的人以耳朵听

"对初次见面的人需注意自己的打扮"，经常有人如此说。的确，为留给初次见面的人良好印象，服装是最佳法宝。原因是一般人认识对方，往往会从外观做判断，而服装此时就扮演着很重要的角色。

为以后交往着想，这第一印象具有较深意义。交谈之前，往往以第一印象做喜欢或不喜欢感情式判断的依据，这就是一般人与人第一次见面时特别注重服装的原因。

第八章 掌握微表情，制霸社交圈

然而，事实上也有人不论是否与人初次会面，从来不考虑服装问题。甚至有人抱持玩乐心理，为试探对方反应而故意穿着邋遢。

关于这个问题，可从下面的故事印证。

黄先生任职于公司的总经理时，一天一位客户到公司拜访他。由于不见人影，那位客人就在工厂内走走看看。他看见一位像是工人的中年人，蹲着修理机器，而四下正好没其他人，客人开口便问："喂，你们总经理在不在？"

这位中年人随即回答："不知道，他经常出门。"同时指着总经理的办公室位置，而客人以为他只是属下，也不表示道谢就离开了。过了一会儿，总经理出现了，就是刚才答话的中年人，他说："久等了，我就是×××。"

像这样的例子或许不多，但以貌取人的人比比皆是，完全靠服装评价对方，往往会使生意失败。比方说，对方本想提供很好的意见给你，但你对他的第一印象却判断错误，那么对方可能就打消念头。

有鉴于此，应尽量避免从外表的印象判断对方的价值，然而为留给对方良好的印象，须服装整齐。

换句话说，留给对方美好的第一印象，不宜以对方服装做先入为主的判断，而应把握"以耳朵听"的原则应对。

9. 避免夹杂英文与专有名词

随着现代社会的发展，很多人拥有了外国的"绿卡"。其实，拥有"绿卡"不能说明你从此就不会讲中文了，但就是有些人，一旦拥有"绿卡"，说话的方式就变了。或许为炫耀自己，满嘴都是英文或专有名词，搞得别人莫名其妙。虽然很想确定对方所言，却又碍于面子而不敢开口，结果妨碍了沟通。这点应该特别注意。

在我们今天的社会中，有些人即使没有"绿卡"，也把自己装扮成好像英语是他们的母语，而中文对他来说，反倒成了"外文"。这种人一张口就说："我不知这个意思用中文该怎么说。"似乎他是个"洋人"。

这种类型的人很招人讨厌。在旧上海，就有一批这样的人，他们说着那种"英国人听不懂的英文，中国人听不懂的中文"，被上海人民斥为"洋泾浜英语"。这里不是"国格"问题，而是"人格"出了问题。

为增进谈话愉快，应避免使用语意不明的英文或难懂的专有名词，尤其是在问话前，更须考虑自己的话是否能让对方明白，站在对方的立场设想。

倘若对方拼命说些你不懂的英文，不妨直接表示，要求对方以中文说明。不可否认，少数满嘴都是英文的人，是为掩饰自己英文能力差，因此听者坦诚表白，反可鼓励他改说中文。